向中华人民共和国70华诞献礼

向中国营造学社创立90周年致敬

中国古建筑图典

范有信　台　枫　王铁成　朱智超◎编著

（上）

Pictionary of Ancient Chinese Architecture

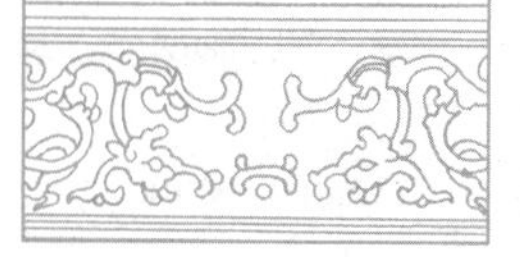

清華大學出版社
北　京

图书在版编目 (CIP) 数据

中国古建筑图典：上下册 / 范有信等编著 . — 北京：清华大学出版社，2020.6
ISBN 978-7-302-53166-1

Ⅰ . ①中… Ⅱ . ①范… Ⅲ . ①古建筑 – 建筑艺术 – 中国 – 图集 Ⅳ . ① TU-092.2

中国版本图书馆 CIP 数据核字 (2019) 第 116044 号

责任编辑：王如月
装帧设计：一瓢设计 · 邱特聪
责任校对：王荣静
责任印制：杨 艳

出版发行：清华大学出版社
网 址：http://www.tup.com.cn，http://www.wqbook.com
地 址：北京清华大学学研大厦 A 座 邮 编：100084
社 总 机：010-62770175 邮 购：010-62786544
投稿与读者服务：010-62776969，c-service@tup.tsinghua.edu.cn
质 量 反 馈：010-62772015，zhiliang@tup.tsinghua.edu.cn
印 装 者：天津图文方嘉印刷有限公司
经 销：全国新华书店
开 本：185mm × 260mm 印 张：51.5 字 数：458 千字
版 次：2020 年 6 月第 1 版 印 次：2020 年 6 月第 1 次印刷
定 价：498.00 元（全二册）

产品编号：081040-01

代序

中国营造学社开会演词*

文·朱启钤

今日本社。假初春胜日。与同志诸君。一相晤聚。荷蒙聊袂偕临。宠幸何极。溯本社成立以经过情形。与今后从事旨趣。有应举为诸君告者。请得以自由之形式。略抒胸次所怀。惟诸君察焉。

启钤个人。问学无成。年事又衰。曷敢以专门之学相标尚。顾一生经历。所以引起营造研究之兴会。而居然忝窃识途老马之虚名者。度亦诸君所欣然愿闻者也。溯前清光绪末叶。创办京师警察。于宫殿苑囿城阙衙署。一切有形无形之故迹。一一周览而谨识之。于时学术风气未开。学士大夫所竞竞注意者。不过如日下旧闻考。春明梦余录之所举。流连景物而已。启钤则以司隶之官。兼将作之役。所与往还者。颇有坊巷编氓。匠师耆宿。聆其所说。实有学士大夫所不屑闻。古今载籍所不经觏。而此辈口耳相传。转更足珍者。于是蓄志旁搜。零闻片语。残

* 本文引自《营造论——暨朱启钤纪念文选》一书，由天津大学出版社 2009 年出版；文章原为繁体字版本，编者仅将原文改为简体字，其余未做改动。

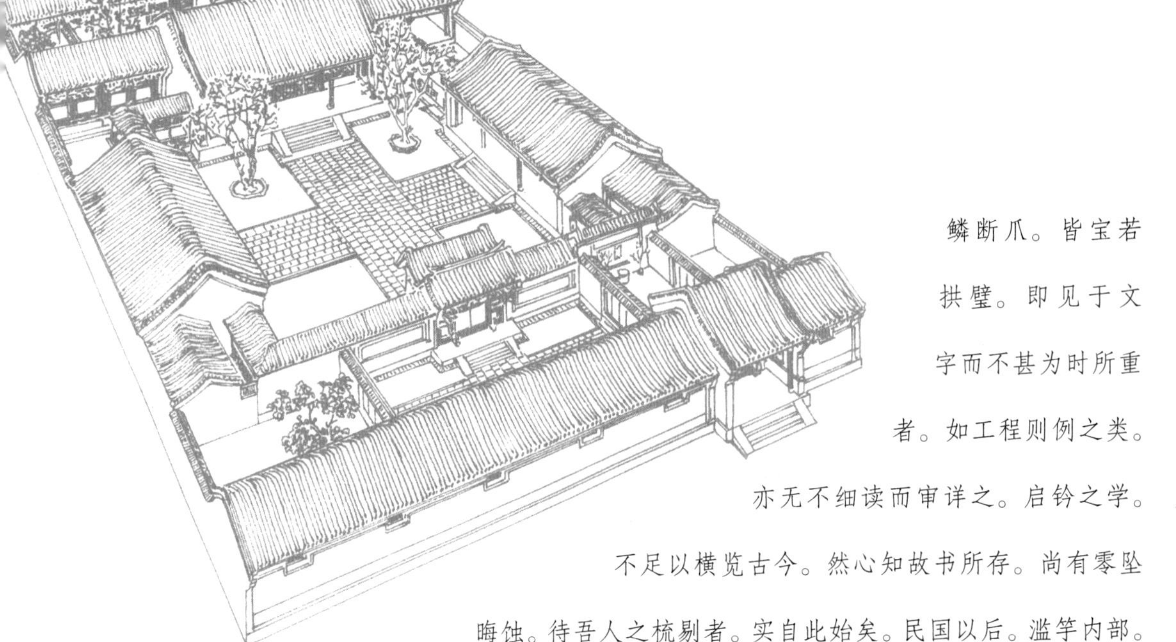

鳞断爪。皆宝若拱璧。即见于文字而不甚为时所重者。如工程则例之类。亦无不细读而审详之。启钤之学。不足以横览古今。然心知故书所存。尚有零坠晦蚀。待吾人之梳剔者。实自此始矣。民国以后。滥竽内部。兼督市政。稍稍有所凭借。则志欲举历朝建置。宏伟精丽之观。恢张而显示之。先后从事于殿坛之开放。古物陈列所之布置。正阳门及其他市街之改造。此时耳目所触。愈有欲举吾国营造之环宝。公之世界之意。然兴一工举一事。辄感载籍之间缺。咨访之无从。以是蓄意。再求故书。博征名匠。民国七年。过南京。入图书馆。浏览所及。得睹宋本营造法式一书。于是始知吾国营造名家。尚有李诫其人者。留书以诒世。顾其书若存若佚。将及千年。迄无人为之表彰。遂使欲研究吾国建筑美术者。莫知问津。启钤受而读之。心钦其述作传世之功。然亦未尝不于书中生僻之名词。讹夺之句读。兴望洋之叹也。于是一面集资刊布。一面悉心校读。几经寒暑。至今所未能疏证者。犹有十之一二。然其大体。已可句读。且触类旁通。可与它书相印证者。往往而有。自得李氏此书。而启钤治营造学之趣味乃愈增。希望乃愈大。发现亦渐多。

向者已云营造学之精要。几有不能求之书册。而必须求之口耳相传之技术者。然以历来文学与技术相离之辽远。此两界殆终不能相接触。于是得其术者。不得其原。知其文字者。不知其形象。自李氏书出。吾人然后知尚有居乎两端之中。为之沟通媒介者在。然后知吾人平日。所得于工师。视为若可解若不可解者。固犹有书册可证。吾人幸获有此凭借。则宜举今日口耳相传。不可长恃者。一一勒之于书。使如留声摄影之机。存其真状。以待后人之研索。非然者。今日灵光仅夺之工师。颓已踯躅穷途。沉沦暮景。人既不存。业将终坠。岂尚有公于世之一日哉。

虽然犹有进者。李氏生当北宋。去有唐之遗风未远。其所甄录。固粗可代表唐代之艺术。由此以上溯秦汉。由此以下视近代。若者为进化。若者为退步。若者为固有。若者为输入。此皆可以慧眼观测而得者也。然史迹之层累。若挟多方之势力。积多种之原因而成。李氏书其键钥也。恃此键钥。可以启无数之宝库。然若抱此一书。而沾沾自足。则去吾曹所拟之正鹄犹远也。故因李氏书。而发生寻求全部营造史之途径。因全部营造史之寻求。而益感于全部文化史之必须作一鸟瞰也。

夫所以为研求营造学者。岂徒为材木之轮奂。足以炫耀耳目而已哉。吾民族之文化进展。其一部分寄之于建筑。建筑于吾人生活最密切。自有建筑。而后有社会组织。而后有声名文物。其相辅以彰者。在在可以觇其时代。由此而文化进展之痕迹显焉。晚近王国维先生。著古宫室考。于中霤一名辨其所在。为礼记国主社稷而家主中霤一句。获一确切不移之解。知中霤为四宫之中央。则知明堂。为古代建筑通式。宜乎为一切号令政教所从出也。知中霤为一家之中心。则知五祀之所以为民间普通信仰。而数千年来盘踞民众心理者。其来有自也。循此以读群书。将于古代政教风俗。社会信仰。社会组织。左右逢源。豁然贯通。无不如示诸掌。岂惟古代。数千年来之政教风俗。社会信仰。社会组织。亦奚不由此。以得其源流。以明其变迁推移之故。凡此种陈义。固今旧治史学诸公所共喻。无俟繁征曲譬。假若引其端而申论之。将穷日夜而不能罄。今兹立谈之顷。更不暇多所引述。总之研求营造学。非通全部文化史不可。而欲通文化史。非研求实质之营造不可。启钤十年来粗知注意者。如此而已。

言及文化之进展。则知国家界限之观念。不能亘置胸中。岂惟国家。即民族界限之观念。固亦早不能存在。吾中华民族者。具博大襟怀之民族。盖自太古以来。早吸收外来民族之文化结晶。直至近代而未已也。凡建筑本身。及其附丽之物。殆无一处不足见多数殊源风格。混融变幻以构成之也。远古不敢遽谈。试观汉以后之来自匈奴西域者。魏晋以后之来自佛教者。唐以后之来自波斯大食者。元明以后之来自南洋者。明季以后之来自远西者。其风范格律。显然可寻者。固不俟吾人之赘词。至于来源隐伏。轶出史乘以外者。犹待疏通证明。使从其朔。然后不独吾中国也。世界文化迁移分合之迹。皆将由此以彰。此则真吾人今日所有事也。启钤于民国十年。历游欧美。凡所目睹。足以证东西文化。交互往来之故者。实难尽记。往往因为所见。而触及平日熟诵之故书。顿觉有息息相通之意。一人之智识有限。未启之阃奥实多。非合中外人士之有志者。及今旧迹未尽沦灭。奋力为之不为功。然须先为中国营造史。辟一较可循寻之途径。使漫无归束之零星材料。得一整比之方。否则终无下手处也。

启钤之有志鸠合同志。从事整理。盖始于此矣。近数年来。披阅群书。分类钞撮。其于营造有关之问题。若漆若丝若女红。若历代名工匠之事迹。略已纂辑成稿。又访购图画。摹制模型。亦颇有难得之品。曾于十七年春间。假中央公园陈列一次。嗣是以来。承中华文化基金委员会之赞助。拨给专款。俾得立社北平。粗成一私人研究机关。草创之际。端绪甚纷。布置经月。始有眉目。今兹所拟克期成功。首先奉献于学术界者。是曰营造辞汇。是书之作。即以关于营造之名词。或源流甚远。或训释其艰。不有词典以御其繁。则征书固难。考工亦不易。故拟广据群籍。兼访工师。

定其音训。考其源流。图画以彰形式。翻译以便援用。立例之初。所采颇广。一年后当可具一长编。以奉教于当世专门学者。

然逆料是书之成。亦非易易。何也。古代名词。经先儒之聚讼。久难论定。以同人之学识。即仅征而不断。固已舛漏堪虞。一也，专门术语。未必能一一传之文字。文字所传。亦未必尽与工师之解释相符。二也，历代文人用语。往往使实质与词藻不分。辨其程限。殊难确凿。三也，时代背景。有与工事有关。不能不亦加诠列者。然去取之间。难免疏略。四也。

顾启钤以为不有椎轮。曷观大辂。是书姑为营造学索引而已。有此一编。不独读者。可以触类旁通。即同人编纂此书。亦于整比之余。得以濬发新知。平日所视为无足经意者。两相比附。而一线光明。突然呈露矣。同人今日原不能于此学。遽有贡献。然甚望因此引起未来之贡献也。

类乎此者之整比工作。则有各种工程则例之编订。盖考工之书。人患难读者。其字句无意义可寻也。平时连列盈架。展卷一视。则满眼数字。读之辄苦无味。检之则又费时。此非就其原料。重加排比不可也。试以表格之式编之。则向之臭腐。悉化为神奇矣。岂惟有助于所谓名词之训释而已。凡工费之繁省。物价之盈缩。质料之种类来源。构造之形式方法。胥于此见之。由此而社会经济之状况。文化升降之比较。随仁者智者所见之不同。尽有可研索者在也。

虽然平面之观察未尽也。启钤所有志者。更为一纵剖之工作。自有史以来。关于营造之史迹是也。初民生活之演进。在在与建筑有关。试观其移步换形。而一切跃然可见矣。周之明堂。为其立国精神之所寄。托其始于何时邪。其创邪其因邪。孟子记齐宣王有毁明堂之议。其遗留迄于何时而后毁邪。后之继起者。其规模有以异于其初邪。秦始皇并六国。然后有阿房宫之建。其以何因缘而成邪。出自何人之力邪。其创邪其因邪。其受影响何自邪。其遗留迄于何时。而后尽毁邪。

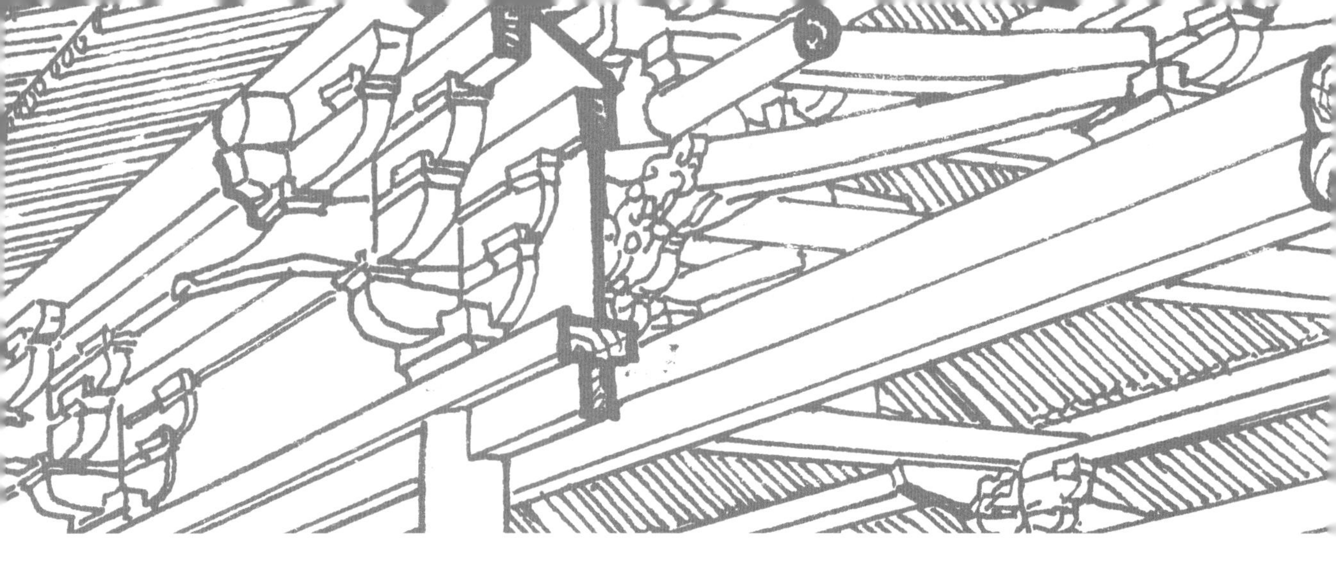

其后有效之而继起者邪。其规模有尚存于后代者邪。

凡此皆史乘上绝巨问题。即其一而研究之。足以使吾人认识吾民族之文化。更深一层。是宜有一自上而下之表格。以显明建筑兴废之迹。

匪独此也。一种工事之盛于某时代。某地域。其背景盖无穷也。齐之丝业发达。自其始封时而已然。有周一代。惟齐衣被天下。齐之在周，正如曼彻司特之在今日。汉初犹有三服官。其后逐渐无闻。汉初绣业。盛于襄邑。而季汉以来。织锦盛于巴蜀。巴蜀之富。半亦以此。历唐迄宋。莫不皆然。此后亦复无闻。近年乐浪汉墓中。掘出之髹器铭文。多云蜀西工及广汉工官。始知汉之漆工。集中巴蜀。与金银扣器。同一地域。（见汉书贡禹传）而唐代漆器出产地。则移于襄州。试思此于社会经济势力之推迁关系为何等邪。

更不独此也。凡工匠之产生。亦与时代有关。名工师之生。有荟集于一时者。有亘数百年而阒然无闻者。契丹入晋。虏其工匠北迁。以达其北朝艺术。蒙古立国。亦屡征天下名工。集之定州。其南方之工艺。则靖康南渡。名工集于吴下。洪武营南京。悉为吴匠。吴匠聚于苏州之香山。永乐营北京。复用北匠。聚于冀州。此其故皆不可不深察也。故工匠之分配。亦纵断之观察。所不可不及也。

纵断既竟。请言横断。吾国太古之文明。实与西方之交通。息息相关。近来

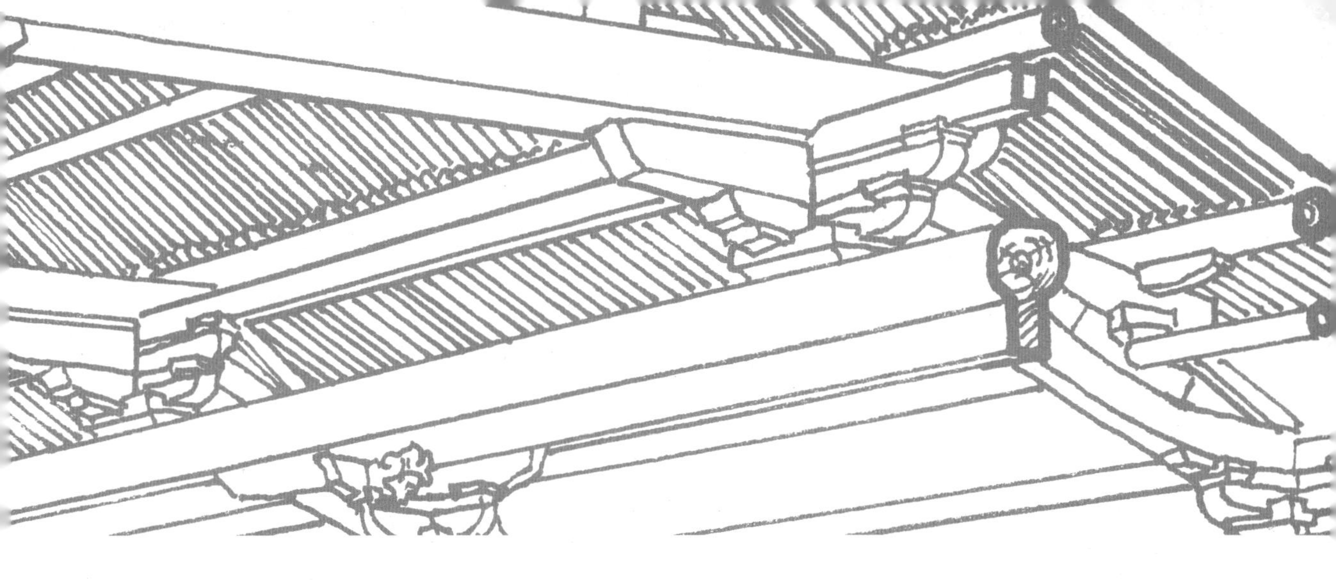

治西北史地者。致力于是。已不少创获之新解矣。凡一种文化。决非突然崛起。而为一民族所私有。其左右前后。有相依倚者。有相因袭者。有相假贷者。有相缘饰者。纵横重叠。莫可穷诘。爰以演成繁复奇幻之观。学者循其委以竟其原。执其简以御其变。而人类全体活动之痕迹。显然可寻。此近代治民俗学者所有事。而亦治营造学者。所同当致力者也。有史以来。中外交通史迹之最显著者。若穆天子传为一期。汉通西域为一期。法显为一期。玄奘为一期。蒙古帝国为一期。郑和下南洋为一期。耶稣会教士东来为一期。试就循其往来之迹。此横断之法也。

有纵断之法。以究时代之升降。有横断之法。以究地域之交通。综斯二者以观。而其全庶乎可窥矣。

综以上诸说。本社胎孕之由，与今后进行之准则。差具梗概。抑有进者。启钤老矣。纵有一知半解。不为当世贤达所鄙弃。亦岂能以桑榆之景。肩此重任。所以造端不惮宏大者。私愿以识途老马。作先驱之役。以待当世贤达之闻风兴起耳。本社命名之初。本拟为中国建筑学社。顾以建筑本身。虽为吾人所欲研究者。最重要之一端。然若专限于建筑本身。则其于全部文化之关系。仍不能彰显。故打破此范围。而名以营造学社。则凡属实质的艺术。无不包括。由是以言。凡彩绘、雕塑、染织、髹漆、铸冶、抟埴、一切考工之事。皆本社所有之事。推而极之。

凡信仰传说仪文乐歌。一切无形之思想背景。属于民俗学家之事。亦皆本社所应旁搜远绍者。今日在座诸君。学有专长。兴有独寄。或精神上。得互助之益。或物质上。假参考之便。无论直接间接。皆本社最亲切之友朋。即今日未惠临。而多少与本社之事业有同情者。亦无不求其继续赞助。且也学术愈进步。则大同观念愈深。民族观念愈淡。今更重言以申明之。曰中国营造学社者。全人类之学术。非吾一民族所私有。吾东邻之友。幸为我保存古代文物。并与吾人工作方向相同。吾西邻之友。贻我以科学方法。且时以其新解。予我以策励。此皆吾人所铭佩不忘。且日祝其先我而成功者也。且东方人士。近多致力于南部诸国之考索者。西方人士。多致力于中亚细亚之考索者。吾人试由中国本部。同时努力前进。三面会合。而后豁然贯通。其结果或有不负所期者。启钤向固言之。学问固无止境。如此造端宏大之学术工作。更不知何日观成。启钤终身不获见焉。固其所矣。即诸君穷日孳孳。亦未敢即保其收获。至何程度。然费一分气力。即深一层发现。但问耕耘。不计收获。愿以此与同人互勉焉耳。

中华民国十九年二月十六日

前言

建筑是人类七大艺术门类之一。建筑艺术是指按照实用美观的原则，运用建筑独特的艺术语言和表现形式，使建筑具有较高的文化内涵和审美价值，突出民族特征和时代风貌。它是见证一个民族历史发展、文化进程和经济盛衰的重要载体。

建筑艺术与工艺美术一样，是一种实用与审美相结合的艺术产物；建筑艺术是一个时代的符号，也是一种文化的积淀。人类用自己的勤劳和智慧创造了辉煌的建筑文明。全球曾经有过七个主要的独立建筑体系，有的早已中断，有的流传不广；中国建筑始终完整保留了体系的基本性格，这是中华民族的灵魂和象征。

中国建筑是世界上体系最完整、历史最悠久的建筑文明之一，是中国文化遗产的重要组成部分，无论单体建筑还是园林景观都在世界建筑文明中具有不可替代的地位。中国古建筑大多以中和、平易、含蓄、深沉为美学追求；不论是秦砖汉瓦，隋唐庙宇，还是两宋祠观，明清紫禁城等，无不凝聚着中华民族的智慧和汗水。

习近平总书记说：“古建筑是科技文化知识与艺术的结合体，古建筑也是历史载体。……古建筑有着丰富的人文内涵。”保护好古建筑有利于保存名城传统风貌和个性。现在许多城市在开发建设中，毁掉许多古建筑，搬来许多“洋”建筑，城市逐渐失去个性。在城市建设开发时，应注意吸收古建筑的语言，这有利于保持城市的个性。

中国古建筑不仅具有生活功能和艺术审美功能，同时还蕴含了地域文化的丰富意趣。中国有句老话：“一方水土，养一方人。”当我们考察华夏大地历史上流传下来的古建筑后，可以清楚地感受到：一方面，“一方水土”，即气候特征、地表地貌在影响着建筑样式；另一方面，“一方人”的人文特质，也同样影响着建筑的审美取向和文化内涵。建筑，就像一本无字的书，诉说着体会不尽的深刻寓意和历史内涵。然而随着岁月的沧桑，一些古建筑因年久失修和人为破坏而消失，最后留给后人的，只是一个无法考证的历史故事。

中华大地上有着数千年的建筑历史，古建筑积淀下来的文化底蕴非常深厚。

但是，在现代文化潮流的冲击下，古建筑式样逐渐式微。中国古建筑文化作为世界文明重要的非物质文化遗产，在保护和弘扬方面，不仅需要国家层面的重视和引导，更需要民间文化意识的觉醒和参与。

作者团队的师父，也是团队的灵魂人物——范有信老先生是中国范式建筑体系创始人，1947 年生于河南，上海戏剧学院舞台美术系毕业，国家一级美术设计师、中国古建筑专家、中国美术家协会会员。自 1964 年参加工作以来，他在专业技术方面，潜心美术研究，兼收并蓄，重点学习了古建筑艺术、雕塑、水彩画、水粉画、油画、中国画等方面的艺术表现技法，拓展了自己的创作设计思路。

本书作者师徒怀着对我国古建筑的痴迷和热爱，坚持几十年如一日，对中国古建筑进行实地考察和测绘；他们跋山涉水，足迹遍布祖国大江南北，行程达数万公里。作者师徒跨越三代人，查阅了大量的历史文献，绘制手稿数万张，把中国历代的古建筑符号科学严谨地用画笔记录下来，作为原始资料进行保存。作者师徒为中国建筑传统文化的复兴与传承，收集整理了大量宝贵的艺术资料，坚守"复兴中国建筑传统文化"的初心，一步一个脚印，用实际行动去实现他们的人生价值。

鲁迅先生曾说过，中华民族自古以来就有埋头苦干的人，就有拼命硬干的人，就有舍身求法的人，就有为民请命的人，他们是中国的脊梁，他们或许像流星划过夜空，但永远留在人民的心中。

中国建筑传统文化的传承与复兴之路任重而道远，但作者师徒以十年树木、百年树人的理念一直致力培养热爱我国古建筑艺术的应用型人才，为中国古建筑艺术的发展和传承做出了非凡的贡献。他们用半个多世纪的匠心守候，迎来了民族复兴的新时代，也开启了中国建筑传统文化复兴的新征程。

目录

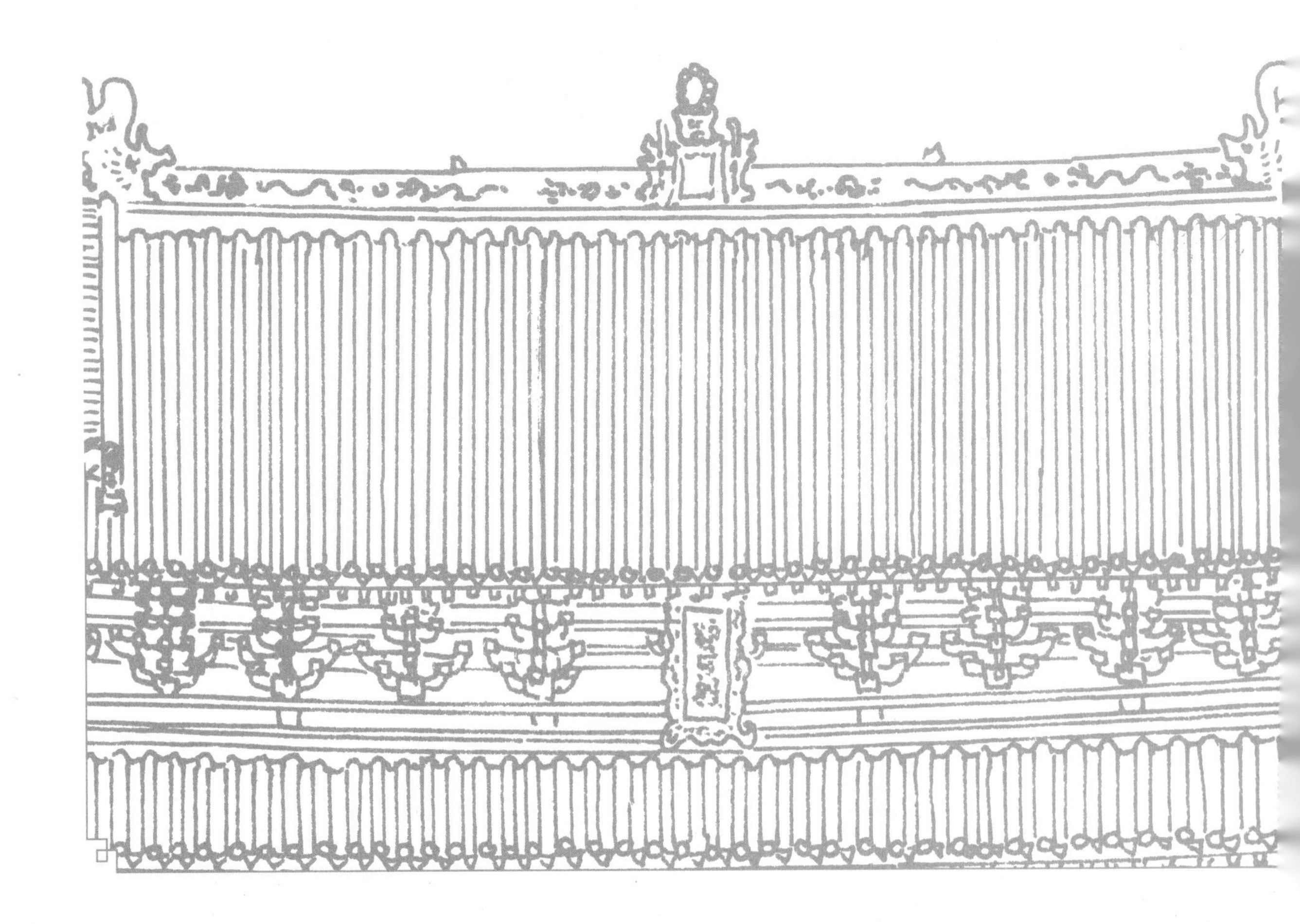

目录

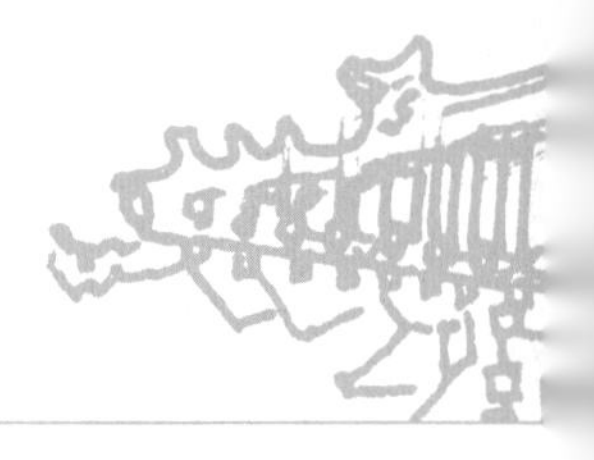

第一章

原始社会时期的建筑遗迹

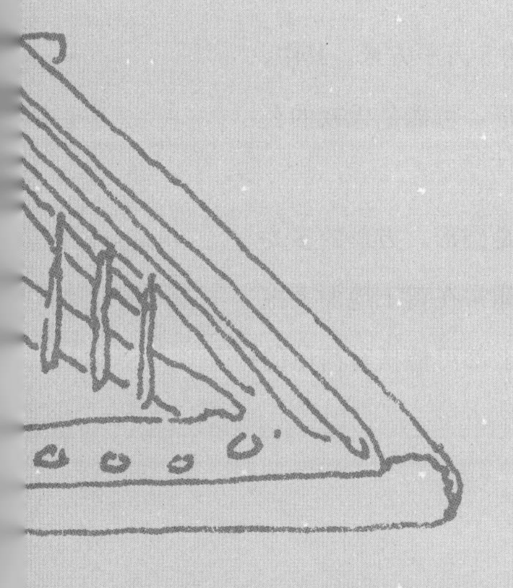

中国古建筑是世界建筑中独树一帜的体系，曾经保持着最持久的建筑传统和原则。距今约50万年前的北京周口店人——北京人居住的是天然山洞，他们在洞里避风雨，用火来御寒、烧熟食物和抵御野兽。在山西垣曲、广东韶关和湖北长阳曾发现旧石器时代中期“古人”所居住的山洞。距今约5万年以前旧石器时代晚期的“新人”居住的山洞，发现于广西的柳江、来宾和北京周口店龙骨山的山顶洞等处。

除了天然山洞以外，河南安阳、开封和广东阳春等处还发现旧石器晚期的洞穴遗址。中国古代文献也有若干记载，如《易·繫辞》谓“上古穴居而野处”，《礼记·礼运》谓“昔者先王未有宫室，冬则居营窟，夏则居橧巢”，这都反映了原始人类在生产力很低的情况下可能采取的居住方式。

仰韶文化母系氏族公社由于从事农业生产而定居下来，出现了房屋和聚落。已发现的聚落遗址多位于河流两岸的阶梯状台地上，或者在两河交汇且比较高亢平坦的地方。这些地方地势高，没有泛滥之患，而且土地肥美、近河，有利于农业、牧畜、渔猎，交通也方便，聚落相当密集，西安附近沣河中游长约20千米的一段河岸上，就有聚落遗址达13处。

西安半坡村的一处氏族聚落位于河东岸台地上，总面积约5万平方米。其中，有一座规模相当大的房屋，面积约12.5米×14米且近于方形，可能是氏族的公共活动——氏族会议、节日庆祝、宗教活动等所使用的场所。

半坡村仰韶文化房屋有两种形式，一种是方形，另一种是圆形。方形的多为浅穴，这种浅穴的面积约20平方米，最大可达40平方米。通常在黄土地面上掘成50～80厘米深的浅穴。门口有斜阶通往室内地面。阶道上部可能搭有简单的人字形顶盖。浅穴四周的壁体内，紧密而整齐地排列着木柱，用编织和排扎相结合的方法，构成壁体，支撑着屋顶的边缘部分。住房中部又以四柱作为构架的骨干，支持着屋顶。屋顶形状可能是四角攒尖顶。

至于穴内的土质，多数经过打实，并用泥圈固定柱的下部。壁体和屋顶铺设草泥或草。室内地面用草泥土铺平压实。圆形房屋一般建筑在地面上，直径约4～6米。周围密排较细的木柱，柱与柱之间也用编制方法构成壁体。室内有2～6根较大的柱子。可以在圆锥形之上，结合内部柱子，再建造一个两坡式的小屋顶。

龙山文化的聚落在原有基础上继续发展，分布得更为广泛，更为密集，例如河南北部沿洹水长7千米的一段地区内，就发现19处聚落遗址。

为了适应父权家庭生活的需要，在居住的平面和构造上都发生了一些变化。一般来说，龙山文化遗址多数为圆形平面的半地穴式房屋，室内多为白灰的居住面。如陕县庙底沟圆形袋状半地穴式房子，直径2.7米，深1.2米。河南偃师县灰咀村还发现一个略呈方形的房屋遗址，南北方向，东西宽4.2米，南北深2.7米，房屋基础也稍低于室内地面。如与仰韶文化房屋相比较，这时多数房屋的面积有所缩小，大体上与一夫一妻制个体小家庭的生活需要相适应。

在制陶方面，龙山文化时期的陶窑，扩大陶室容量（直径达1.3米），火膛加深，支火道和窑箅孔眼加多，火力大而布热匀，再加封窑严实，最后阶段采用灌水方法，使陶坯中的铁质还原，制成比红陶、褐陶硬度更大的灰陶和黑而发亮的蛋壳陶。这种制陶技术为后来建筑用的陶质材料——瓦、砖、井筒和排水沟管的出现准备了条件。在这一漫长时期，彩陶的色彩不断地丰富，陶器表面绘有各种生动而美丽的鱼纹、鸟纹、人面纹等。反映“美”在当时人们精神生活中占有一定的地位。人们的审美要求和各种手工业技术，直接或间接地对建筑的发展起着促进作用。

中国巨石建筑遗址有山东半岛北部和辽东半岛南部的海城、盖平、复、金等县的石棚，而以海城市石棚为典型范例之一。石棚可能是坟墓，是新石器时代末期已进入金石并用时期的遗物，但社会组织仍属于原始社会。

一、住宅及陶器纹样

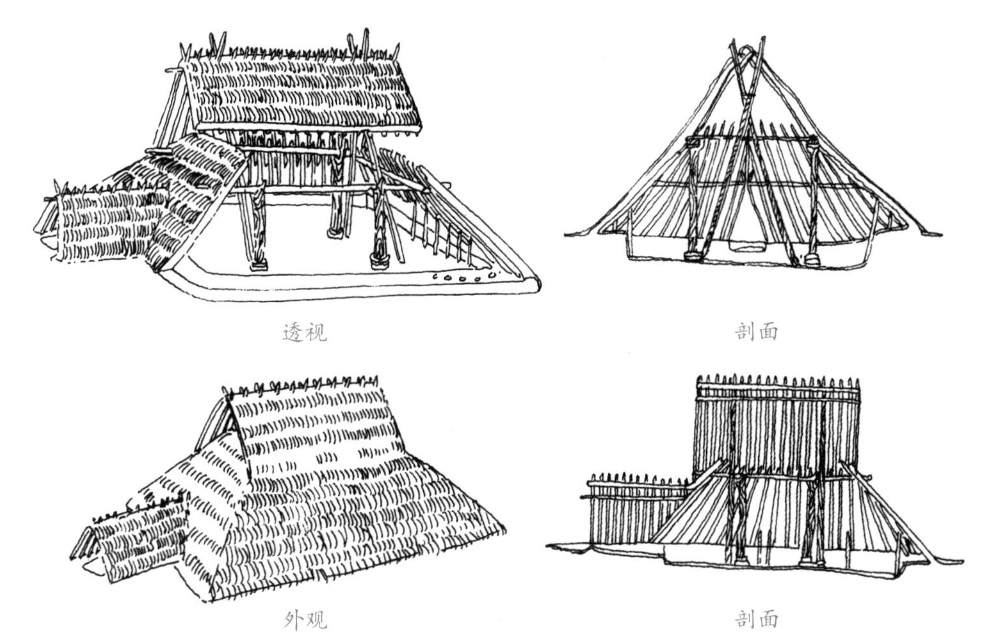

陕西西安半坡村原始社会大方形房屋

陕西西安半坡村原始社会大方形房屋

在当时，山洞高于河面，是理想的藏身和保存火种之地，只是山洞完全处于天然状态，也正如《易·系辞》所说的“上古穴居而野处”。依古代文献中“构木为巢”“冬居营窟，夏居巢”等记载表明，当时巢居形式也已存在。这里所涉及的中国原始社会建筑仍着重于新石器时期这一范畴。在建筑方面，已知有群居的聚落，供生产与生活用的窑址、公共房屋、住所、窖穴和畜圈，供防御用的垣墙、壕沟，原始崇拜所需的祭坛、神庙和神像以及公共墓地等。

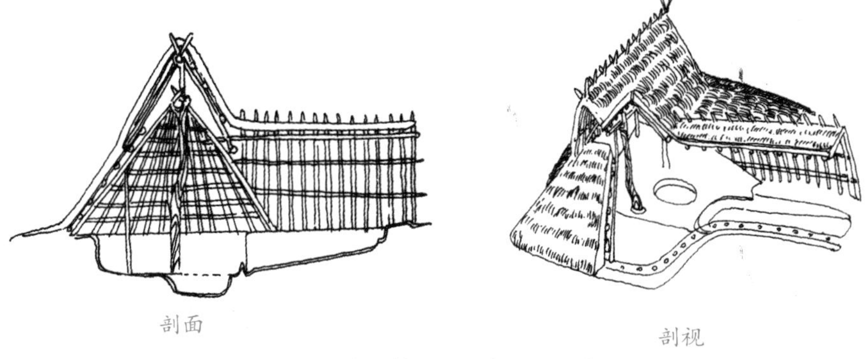

陕西西安半坡村原始社会方形住房

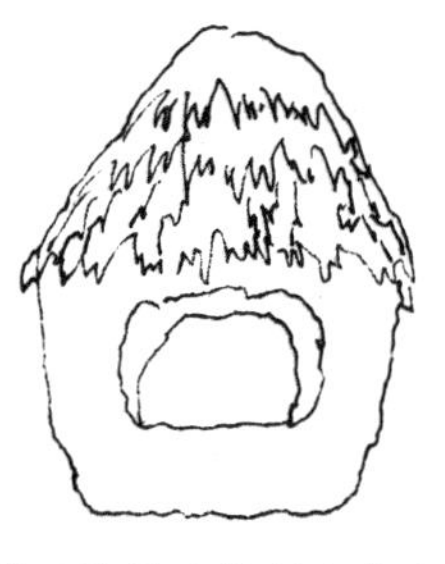

草顶陶屋（仰韶文化）

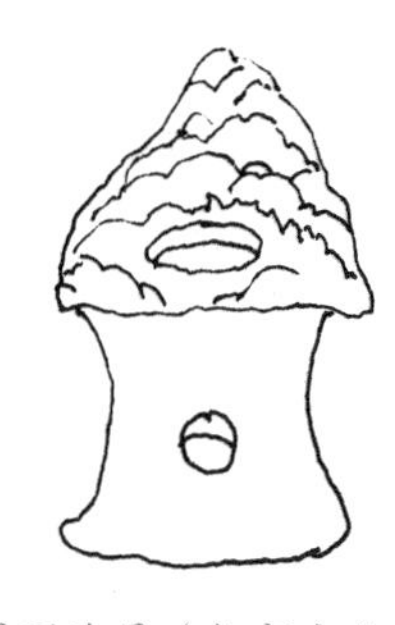

圆形陶屋（仰韶文化）

江苏徐州邳州大墩遗址陶屋

辽宁海城巨石建筑

河南洛阳涧西孙旗屯遗址复原图

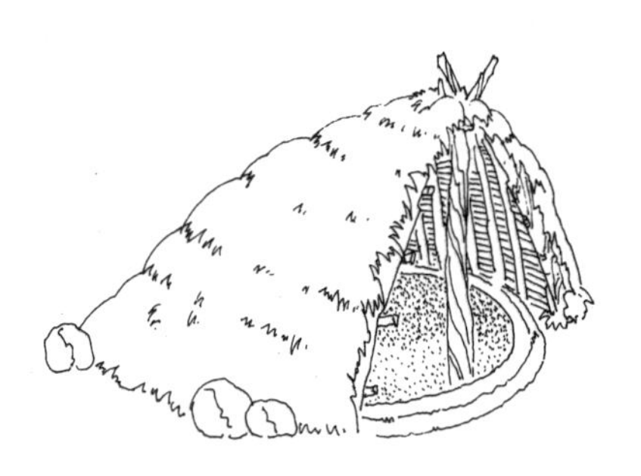

河南偃师汤泉沟遗址复原图

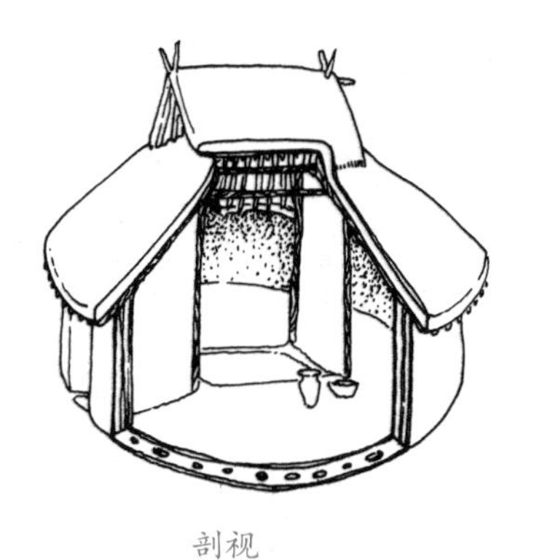

剖视

剖面

陕西西安半坡村原始社会圆形房屋

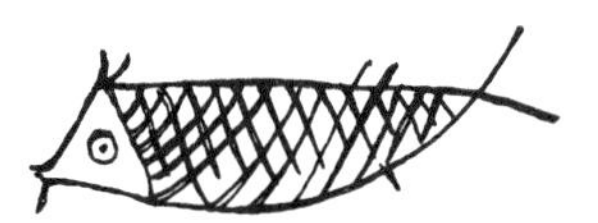

鱼纹（仰韶文化纹样）

人面纹（仰韶文化纹样）

水鸟纹（仰韶文化纹样）

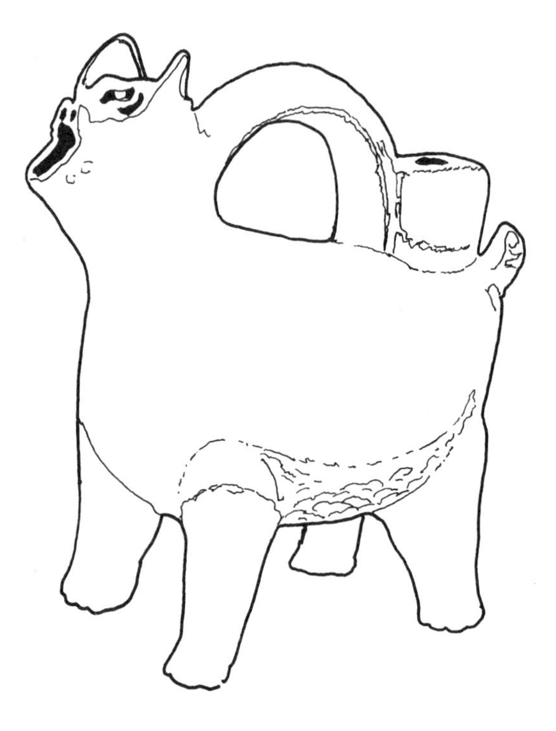

陶兽形壶（原始社会新石器时代）

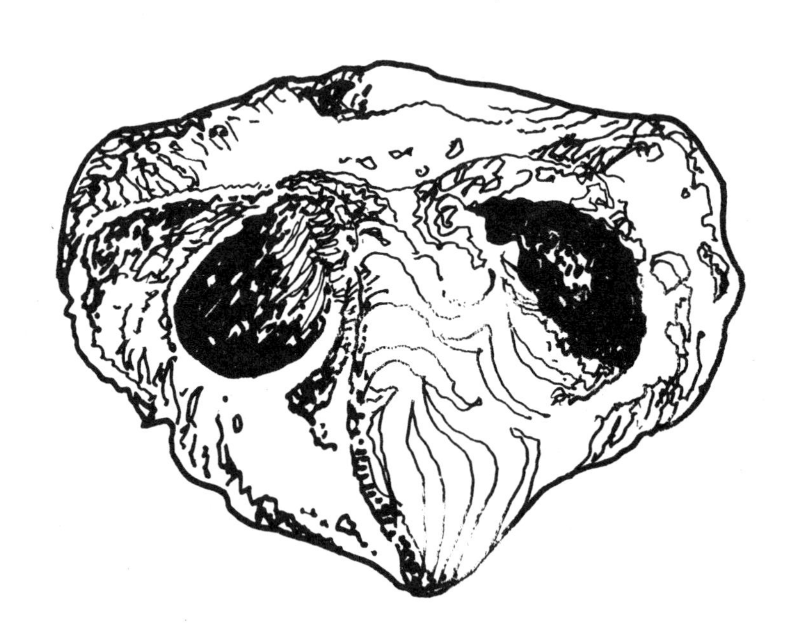

陶鸟（仰韶文化纹样）

鸟纹　　鸟纹

雷纹黑陶片

彩陶盆口沿和腹部图案展开图（ 文化纹样）

彩陶盆口沿和腹部图案展开图（ 文化纹样）

彩陶盆口沿和腹部图案展开图（ 文化纹样）

彩陶壶腹部图案展开图（龙山文化纹样）

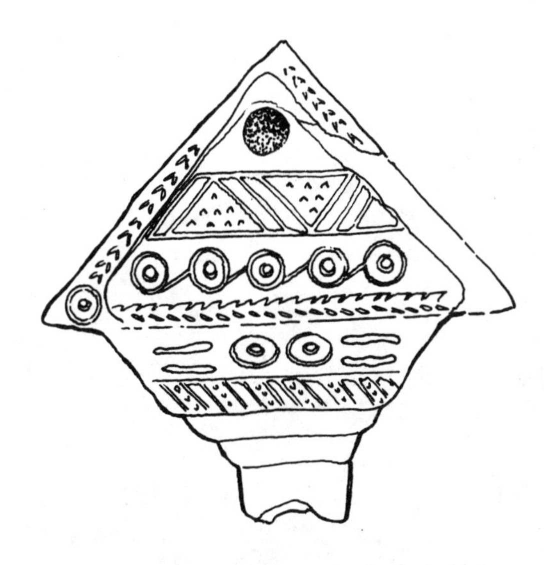

江西清江县营盘里出土陶器上的建筑形象

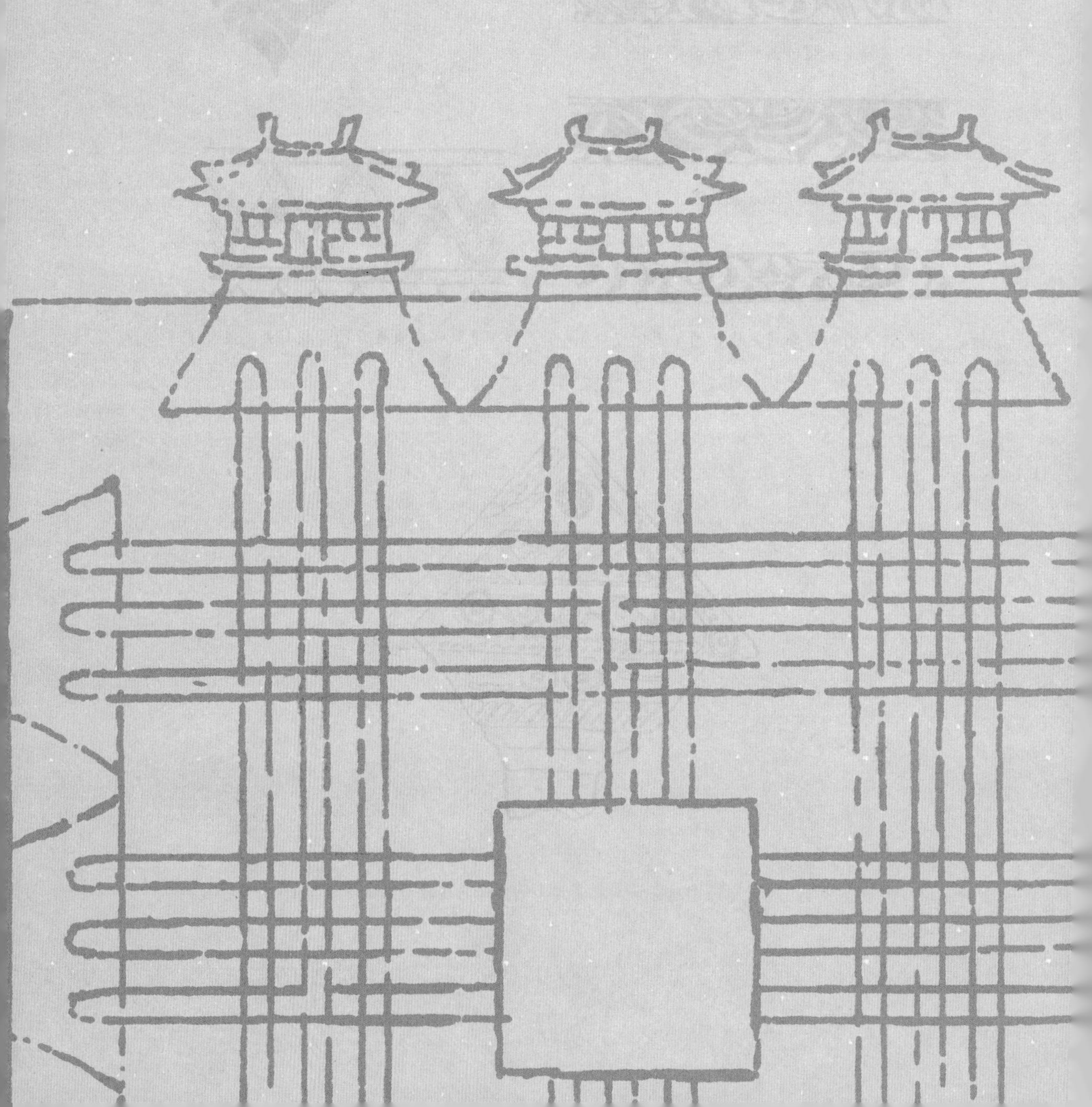

第二章

夏、商、西周、春秋时期的建筑

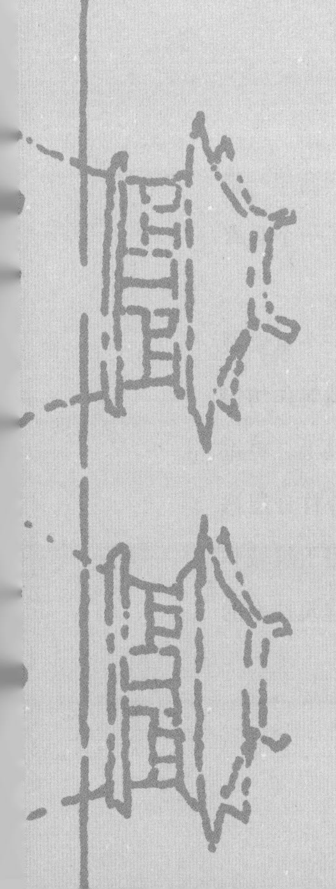

夏朝的宫室台榭

中国黄河流域氏族社会晚期私有制已经萌芽。随着氏族部落内部经济的发展和对夷部落的战争掠夺，数目逐渐增多，促进了阶级的分化。公元前 21 世纪，中国第一个朝代——夏朝建立。

据文献记载，夏朝曾修建城郭沟池，建立军队，制定法律，修造监狱，保护贵族的利益；同时修筑宫室台榭，奢侈享乐，持续了 400 多年的统治后被商朝消灭。

商朝的宫室和陵墓

商朝（公元前 17 世纪—公元前 11 世纪）以河南中部及北部的黄河两岸一带为中心，东达山东，南达湖北，北达河北，西达陕西，建立了一个具有相当文化的国家。

商朝使用青铜器，炼铜作坊规模很大，在商朝的一个重要城市（现郑州）一带发现若干居所和铜器、陶器、骨器等作坊遗址，其中一处炼铜作坊的面积达 1 000 平方米以上。更重要的是在郑州发现的商朝夯土高台残迹，用夯杵分层捣实而成。春秋战国时期，夯土技术还广泛应用于筑城和堤坝工程。夯土技术的出现，是中国古代建筑技术的一件大事。

商朝后期的宫室位于今河南安阳小屯村一带，在河南省文物局主持下，在原址上复原展示了部分建筑。重建的商朝宫室规模宏大，现已供后人参观。其余建筑基址可见平面形态。

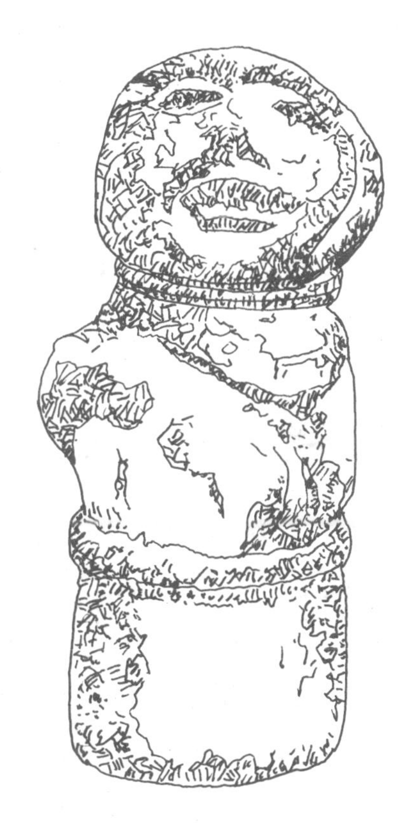

西周和春秋时代的建筑

周族原来生活在陕西、甘肃一带，农业发展水平比商朝高，手工业水平则相对较低。灭商以后，周朝在经济和文化等方面继承商朝的成就继续发展。两周时代已有少数铁器，到春秋时代铁工具开始推广，工程技术也有很大进步。

周朝经历了 300 余年，由于国内变乱和外族侵扰，被迫于周平王元年（公元前 770 年）迁都洛邑。中国历史上称此前的周朝为西周，此后的周朝为东周。东周的前半期，一般来说自公元前 770 年起到公元前 476 年止，又称为“春秋”。

《考工记》中记载了周朝的都城制度：“匠人营国，方九里，旁三门，国中九经九纬，经涂九轨，左祖右社，面朝后市。”现存的晋侯马、燕下都、赵邯郸王城曲阜鲁城等可视为《考工记》所记若干事实的依据。

《左传》与汉初所传《礼记》曾叙述周朝宫室的外部有为防御与揭示政令的设施。另外，宫殿建筑共有五层门，分别为皋门、应门、路门、库门、雉门。春秋时鲁国已有东西二宫。鲁国的宗庙前堂称大庙，中央有重檐的大屋室，可能后部还有建筑。从汉朝起，一些都城建设时附会古制，略有创新。当时的阙在汉唐时使用，到明、清时演变为午门。三朝和午门被后代附会沿用，在很大程度上影响了隋朝以后历代宫室建筑的外朝布局。皇室的祭祀建筑，如太庙、社稷、明堂、辟雍等也多附会周朝流传下来的文献和传统进行建设。

春秋时各国经济不断地发展，生产水平不断提高，再加上各国之间战争频繁，用夯土筑城成为当时一项重要的国防工程。

这时的建筑材料中最大的突破是瓦。西周已出现板瓦、筒瓦、人字形断面的脊瓦和圆柱形瓦钉。这种瓦嵌固在屋面泥层上，解决了屋顶防水问题。瓦的出现是中国古代建筑的一个重要进步。不过，瓦的使用到春秋时才逐渐普遍，屋顶坡度由草顶的1∶3降至瓦顶的1∶4。这时除板瓦以外，又出现了瓦当，表面有凸起的饕餮纹、涡纹、卷云纹、铺首纹等美丽的纹饰。

建筑色彩在此时已有了明确的礼法规定。据《论语》和《春秋·谷梁传注疏》所载“山节藻棁”和《春秋》“丹桓公楹，非礼也”的记载可知，这时有一些处理已不仅仅是只有美观的需求了。所谓楹即是柱，节是坐斗，就是瓜柱。“在礼：楹，天子丹，诸侯黝垩，大夫苍士黈黄色也。按此则屋楹循等级用采，庶人则不许，是以谓之白屋也。”《论语》和《春秋》的记载说明，春秋时代在抬梁式木结构建筑上施彩画，在建筑色彩方面也有严格的等级制度了。

春秋时出现了有名的建筑匠师鲁班。传说鲁班曾造攻城云梯和九种攻城器械，以及很多生活中所需的其他精巧器物，为人们所崇敬，被后代奉为建筑工匠的祖师。

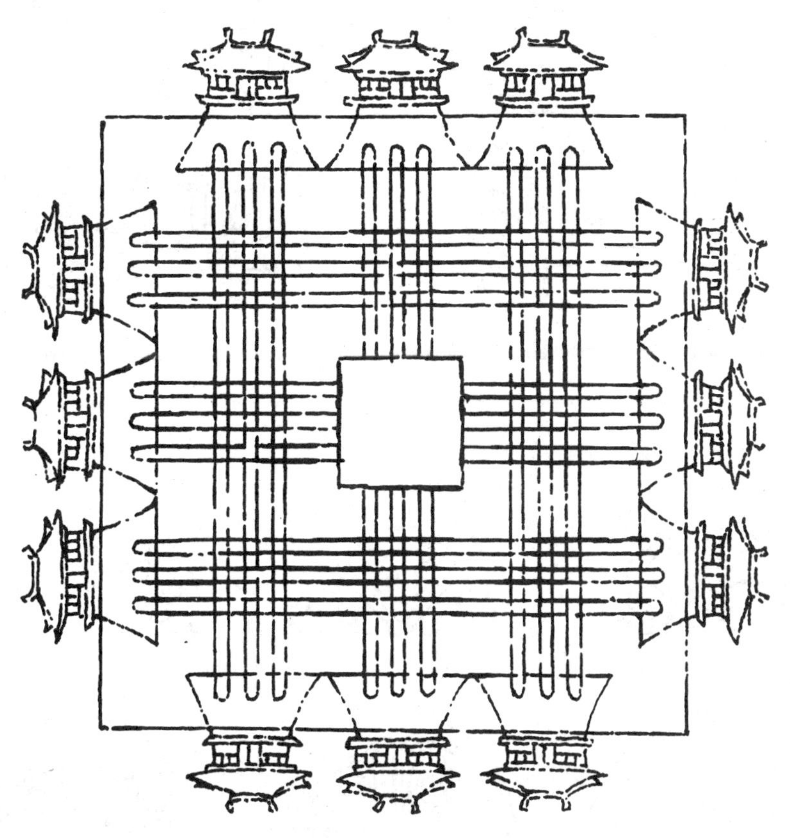

《三礼图》中的周王城图

《三礼图》中的周王城图

建于周初之曲阜（今山东曲阜），为鲁国国都。平面大体呈矩形，面积约10平方千米。建筑技术和建筑艺术成就主要有：1. 在建筑设计中已有了事先踏勘地形和规划布局。2. 已经具备中国传统建筑最主要的内涵。3. 自原始社会就已经大量使用的土木结构，得到进一步发展。4. 发掘了新的建筑材料，改进了建筑构造，延长了使用时间，改善和美化了人们的生活。5. 等级制度也越来越多地反映到建筑中来。6. 衡量建筑尺度的标准也逐渐规格化。7. 建筑弯管从比较低平，渐渐地出现了高台建筑，外观有了很大的变化。

东周瓦当

令簋（西周青铜器）

兽足方鬲（西周青铜器）

瓦当纹样（东周）

陶俑

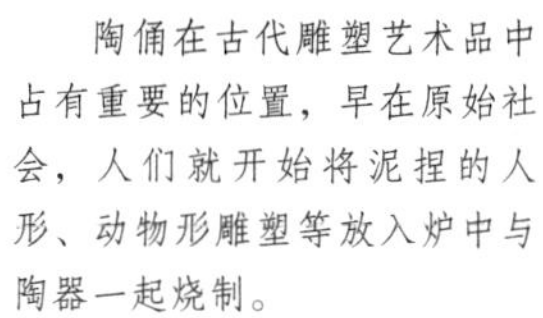

陶俑在古代雕塑艺术品中占有重要的位置，早在原始社会，人们就开始将泥捏的人形、动物形雕塑等放入炉中与陶器一起烧制。

仰面陶俑人（商）

陶俑人（商）

石鸮俑（商）

石雕坐人（商）

第三章

战国、秦、两汉、三国时期的建筑

城市宫室

从春秋末期到战国中叶，随着社会生产力发展而出现了城市。这时期城市日趋繁荣，城市的规模日益扩大，如周的成周、齐的临淄、赵的邯郸、魏的大梁、楚的郢、韩的宜阳等，都是当时人口众多和工商业繁荣的大都市。《史记·苏秦张仪列传》记载:“临淄之中七万户……不下户三男人，三七二十一万……临淄甚富而实，其民无不吹竽鼓瑟，弹琴击筑，斗鸡走狗，六博踏鞠者。临淄之途，车毂击，人肩摩……”充分体现了此时商业城市繁荣、人口富庶的状况。

燕下都建于公元前4世纪，在今河北易县东南，位于易水与北易水之间。城墙用黄土版筑而成，有高大的夯土台。

近年来还发现了韩、赵、魏、燕、楚等国的小型城址。这些城址多位于河流附近，城的四周用夯土筑城垣。

秦后期的首都咸阳创建于战国中期秦孝公十二年（公元前350年）。当时咸阳宫室南临渭水，北达泾水，到孝文王时（公元前250年），宫馆阁道相连30余里。长安是西汉的首都，是当时中国政治、文化和商业的中心，也是商、周以来规模最大的城市。长安位于今陕西西安渭水南岸的台地上。

洛阳原是东周都城成周的故址，秦与西汉在此都建有宫殿，东汉光武帝刘秀建都于此。东汉中叶以后又在洛阳北宫以北陆续建设苑囿，直抵城的北垣。

东汉末年曹操建设邺城（在今河南安阳东北），北临漳水。邺城采取新的布局方法，以一条横贯东西的大道，把城内分为南北两部分。北部中央在南北轴线上建宫城。宫城以东是贵族居住的坊里。南部为行政官署区。在东西大道以南部分也建若干官署，其余则为居民的住宅区。在住宅区中央，即全城的南段又辟一条干道，与上述东西大道汇于宫城正门之前。

根据《管子》和《墨子》所载，春秋至战国间，各国都城已有闾里为单位的居住方式。据文献所载，西汉长安有 160 个闾里，每一闾里设“弹室”控制居民。在都城布局方面，西汉长安由于迁就地形，先营建宫室，又允许闾里杂处于宫阙和官署之间，所以难以将宫室与闾里分开。这种情况在曹魏营建邺城时才出现了明确区分，不再两相混淆了。

秦、汉、三国时的宫室苑囿因时代久远，没有遗留下来，但丰富的文献叙述了它们的大体面貌和当时人们所取得的建筑成就。

秦始皇（嬴政）在统一中国的过程中，于公元前 220 年兴建信宫、甘泉宫和北宫等新宫。信宫是大朝，咸阳旧宫是正寝和后宫，其他宫室是妃嫔居住的离宫，而甘泉宫则是避暑处，并为太后居住之所。此外，还有兴乐宫、长杨宫、梁山宫等宫殿以及上林、甘泉等苑囿。

公元前 212 年，秦始皇又开始考虑兴建更大的一组宫殿——朝宫。朝宫的前殿就是历史上有名的阿房宫。这次建宫计划是，在渭南上林苑中，以阿房宫为中心，建造许多离宫别馆。

西汉之初，仅修建未央宫、长乐宫和北宫，与民休息，到汉武帝才大建宫苑。未央宫以前殿为其主要建筑。殿的平面阔大而进深浅，是这时宫殿建筑的一个特点。殿内两侧有处理政务的东西厢。宫内除前殿外，还有十几组宫殿和武库、藏书处、织绣室、凌室（藏冰室）、兽园、渐池与若干官署。

太后住的长乐宫位于长安城的东南隅，北面和明光宫连属。内有长信、长秋、永寿和永宁四组宫殿。北宫是太子居住的地点。建章宫在长安西郊，是具有苑囿性质的离宫。其前殿高过未央前殿。有凤阙，脊饰铜凤。又有井干楼和置仙人承露盘的神

明台。宫内还有河流、山冈和辽阔的太液池，池中建蓬莱、方丈、瀛洲三岛；并在宫内豢养珍禽奇兽，种植奇花异木。在建章宫前殿、神明台及太液三岛等遗址中，曾发现夯土台和当时修建下水道所用的五角形陶管。

从长乐、未央和建章等宫的文献和遗迹中可知，汉代“宫”的概念是大宫中套有若干小宫，而小宫在大宫（宫城）之中各成一区，自立门户。其庄严的格局和宏伟的气魄表示皇权的威严。此外，充分与自然景致有机结合是这时宫殿建筑群组的重要特点。

东汉洛阳宫室根据西汉旧宫建造南北二宫。其间连以阁道，仍是西汉宫殿的布局特点。三国时，魏文帝建都洛阳，在原来东汉宫殿故址上营建新宫。在布局上，不因袭汉代在前殿内设东西厢的方法，而在大朝太极殿左右建处理日常政务的东西堂。这种布局方式可能从东西厢扩充而成，后来为两晋、南北朝沿用了300余年，到隋朝才废止。

住宅

汉朝的住宅建筑，根据墓葬出土的画像石、画像砖、明器陶屋和各种文献记载，有下列几种形式。

规模较小的住宅，平面为长方形，多数采用木结构。屋门开在房屋一面当中，或偏在一旁。屋顶多采用悬山或囤顶。规模稍大，无论平房或楼房，都以墙垣构成院落，也有三合式与日字形平面住宅。此外，明器中还有坞堡，是东汉地方豪强割据的情况在建筑上的反映。

规模更大的住宅见于四川出土的画像砖，其布局分为左右两部分：左侧有门、堂，是住宅的主要部分；右侧是附属建筑。右侧外部有装置栅栏的大门，门内又分为前后两个庭院，绕以木构的回廊，后院有面阔三间的单檐悬山式房屋。河南郑州出土的汉空心砖上也刻有前后两院的住宅。前院绕以围墙，右侧建门阙，面临大道。第二道门偏于左侧，门上覆以重檐庑殿顶。从这两所住所反映的规模来看，应是当时官僚、地主或富裕商人的住宅。

贵族的大型宅第外有正门，屋顶中央高，两侧低，其旁设小门，便于出入。大门内又有中门，它和正门都可以通行车马。门旁还有附属房间，用于居留宾客，称为门庑。院内以前堂为其主要建筑。堂后以墙、门分隔内外，门内有居住的房屋……除了这些主要房屋以外，还有车房、马厩、厨房、库房以及奴婢的住处等附属建筑。

西汉时期有些贵族和富豪建有富于自然风景的园林。园中房屋重阁回廊，徘徊相连，并构石为山，引水为池，池中积沙为洲。园内养着奇兽珍禽，培植各种花草树木。

陵墓

陕西临潼骊山的秦始皇陵，由三层方形夯土台累叠而成。下层台东西宽 345 米，南北长 350 米，每层台壁都向内斜收；自底至顶，三层共高 43 米。陵的周围有内外两重墙垣，内垣周长 2.5 千米，外垣周长 6.3 千米。这是中国历史上规模最大的陵墓。据记载，建此陵时曾奴役大量“徒刑者”，最多时有 70 余万人参与修建。取名石筑墓，垒土为坟，并建寝殿，以供祭祀，因而有“陵寝”之称。

西汉继承秦朝制度，建造大规模陵墓，往往一个陵墓役使数万人，陵墓大部分位于长安西北咸阳至兴平一带。后来东汉帝后多葬于洛阳邙山上，陵墓的体量和宏伟也远不及西汉诸陵。

汉朝贵族官僚的坟墓也多采取平顶的形式。有时坟前置石造享堂，享堂前立碑；再前，于神道两侧排列石羊、石虎和附翼的石狮；最外，模仿木建筑形式，建石阙两座，其台基和阙身都浮雕柱、枋、斗拱与各种人物花纹，上部覆以屋顶。到西汉末年，还有半圆形筒拱结构的砖墓，最终，出现了穹隆顶砖墓。

建筑材料、技术和艺术

由于经验的积累，陶质材料逐步提高了质量，增加了品种；同时铁工具的广泛使用促进了木结构和石作及装饰雕刻技术的提高，从而使中国古代建筑的结构体系和建筑形式的若干特点到汉朝已基本形成。汉朝是在建筑技术和艺术等方面继承前代成就并实现社会突破和发展的重要阶段。

在建筑材料方面，这个时期的房屋已大量使用青瓦覆盖；板瓦、筒瓦、陶制的栏杆砖和排水管都比以前有了进步。

石料的使用逐渐增多。从战国到西汉已有石础、石阶等。东汉时出现了全部石造的建筑物，如石祠、石阙和石墓。这些建筑上多数雕刻人物故事和各种花纹，显示当时雕刻技术已达到了很高的水平。

汉朝时，建筑构件——斗拱出现在人们的视野。中国建筑特有的斗拱的结构机能是多方面的，其也是中国建筑形象的一个重要组成部分。

汉朝由木构架结构而形成的屋顶有五种基本形式——庑殿、悬山、囤顶、攒尖和歇山。汉朝还出现了由庑殿顶和庇檐组合发展而成的重檐屋顶。

战国时代的木椁已有各种精巧的榫卯，当时木构架建筑的施工技术达到了相当熟练的水平。正是由于技术不断提高，秦汉两朝才有可能建造大规模的宫殿和多层楼阁式建筑。

在建筑、装饰、艺术方面，文献记载两汉已用铜做斗拱、栏杆和屋顶上的凤凰，以及用金、玉、翡翠、明珠、锦绣等贵重材料做室内外装饰。秦汉圆形瓦当，花纹富于变化。铺地方砖和空心砖上有许多模印的花纹。

从石阙、石祠、砖石墓室、明器、画像砖石和铜器等表面的图像中，可以大致看出当时高级和一般的建筑形象。

利用屋顶形式和各种瓦件所产生的装饰，成为中国古代建筑的一个突出特征。在屋脊上用凤凰及其他动物做装饰，这是汉朝建筑和后代建筑在形象方面的一个重要区别。

在色彩方面，汉朝继承春秋、战国以来的传统加以发展，如宫殿的柱涂丹色；雕花的斗拱、梁架、天花施彩绘；墙壁界以青紫或施加壁画、雕刻、文字等，达到结构与装饰的有机结合。这些都成为以后中国古代建筑的主要手法。

一、宫殿、庭院及建筑构件

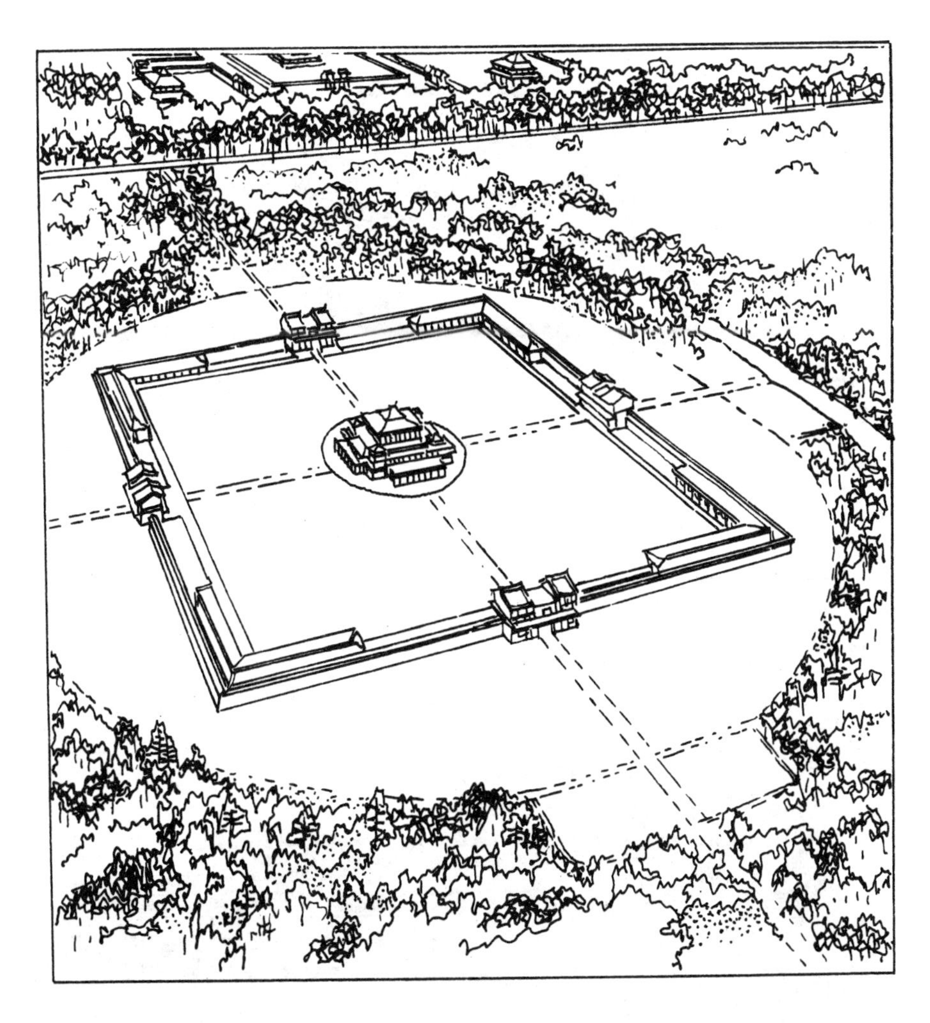

汉长安南郊礼制建筑总体复原图

汉长安南郊礼制建筑

辟雍遗址位于长安城安门南出大道1.5千米处的东侧，今西安市大土门村的北边。是专供皇帝使用的仪礼性建筑。平面“外圆内方”，方位平正。正中是中心建筑，建于圆形夯土台上。台面直径62米，高出地面0.3米。台上的中心建筑平面似“回”字形，四面对称，每边长42米。正中是一个方形的夯土台，每边长约17米。台面上原有高大的主体建筑（太室）。

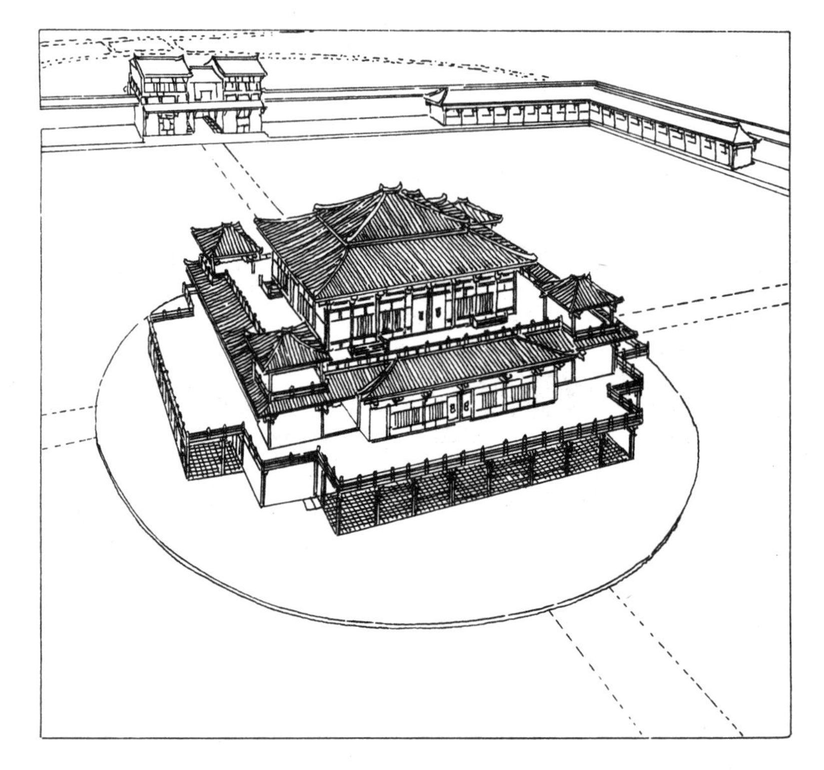

汉长安南郊礼制建筑中心建筑复原图

秦咸阳宫第一号宫遗址复原图

秦咸阳宫第一号宫

图为杨鸿勋所作的复原图。平面呈曲尺形，一层夯土台体南部有5室，北部有2室，周边绕回廊。二层中部矗起两层楼的主殿屋，西部有2室，东南角有1室，东北部呈转角敞厅；除敞厅外，均绕以回廊；台面南部留出宽大的露台。上下层各室主要用作居室、浴室。各层排列灵活，形体高低错落有致。这座基地只是东西对称的一组宫观的“西观”，它与东观之间有飞阁复道相连。

住宅（陕西绥德画像石）

大门（四川德阳画像砖）

庭院
（河南郑州空心砖）

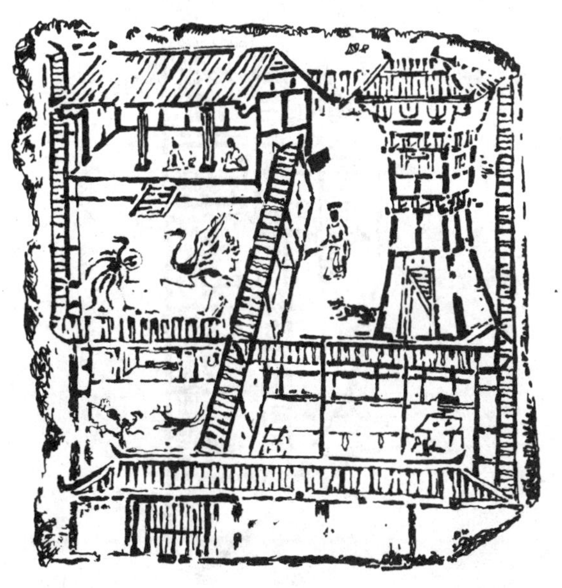

庭院
（四川成都画像砖）

庭院
（四川成都画像砖）

汉墓出土的庭院空心画像砖，宽45厘米，高120厘米，表现的是庭院建筑及内部环境。较为形象地描述出汉代大地主阶级所谓“豪人之室，连栋数百”的豪华宅第和“子孙连车列骑，田猎出入”的生活方式。

建筑群
（江苏徐州画像石·汉）

楼及廊
（江苏睢宁双沟画像砖）

建筑组群
（江苏睢宁画像石）

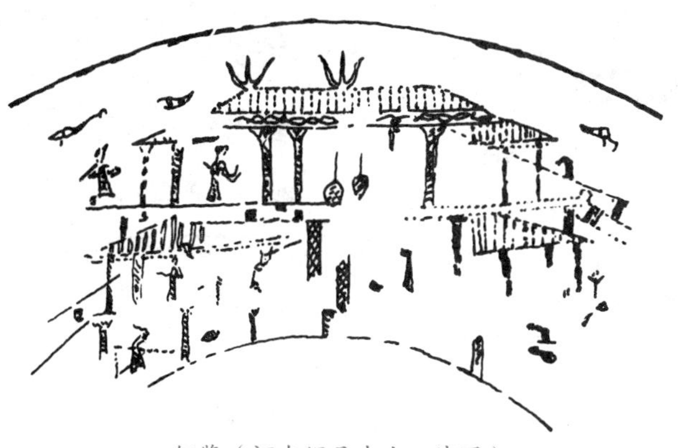

铜鉴（河南辉县出土·战国）

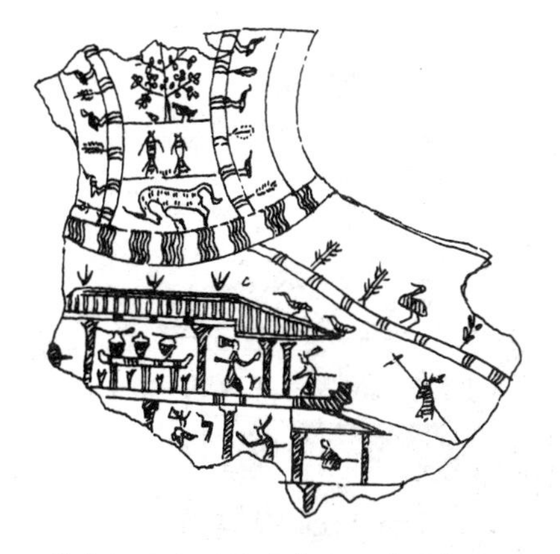

鎏金铜（山西长治出土·战国）

铜杯（战国）

铜钫上的房屋（战国）

抬梁式结构

这种结构的特点是在柱顶或柱网的水平铺作层上，沿房屋进深方向架数层叠架的梁，梁逐层缩短，层间垫短柱或木块，最上层梁中间立小柱或三角撑，形成三角形屋架。相邻屋架间，在各层梁的两端和最上层梁中间小柱（脊瓜柱）上架檩，檩间架椽，构成双坡顶房屋的空间骨架。房屋的屋面重量通过椽、檩、梁、柱传到基础（有铺作时，通过它传到柱上）。抬梁式结构体系，对古代木建筑的发展起着决定性的作用，也为现代建筑的发展提供了借鉴材料。

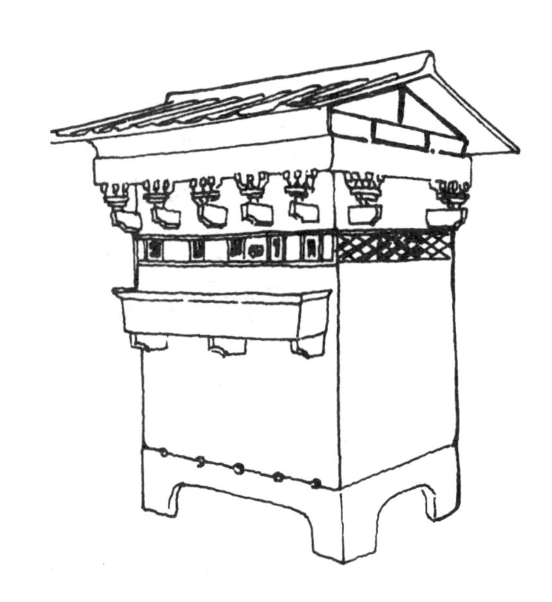

抬梁式结构
（河南荥阳汉墓明器）

抬梁式结构
（四川成都画像砖）

三合式住宅

日字形平面住宅
（广东广州汉墓明器）

干阑式住宅
（广东广州汉墓明器）

汉代干阑式建筑

广州汉墓出土的东汉后期拐栋式房屋

干阑式结构

干阑式结构

干阑式结构是木结构的一种建筑形式。浙江地区地势低洼，潮湿温热。我国先民为了居住地能有良好的通风和防潮性能，于是盖造干阑式房屋。这种房屋由若干木桩、圆木、木板组成。下部由木柱构成底架，高出地面，底架采取打桩的方法建成。桩木打成后，上架横梁，再铺木材，然后在木板上立柱构梁架和屋顶，形成架空的建筑房屋。

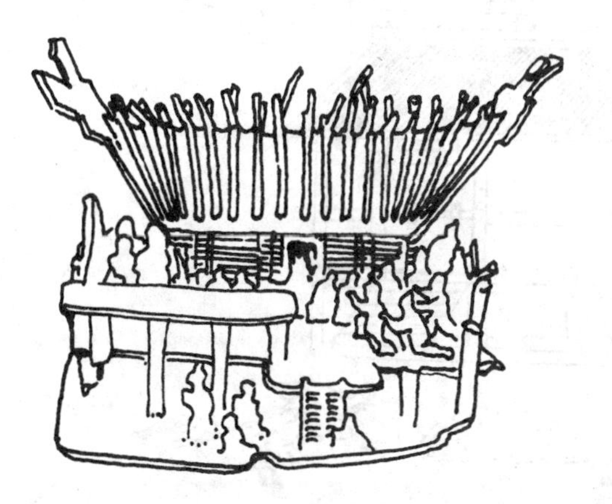

井干式结构
（云南晋宁石寨山铜器）

井干式结构

井干式结构是一种不用立柱和大梁的中国房屋结构。这种结构以圆木或矩形、六角形木料平行向上层层叠置，在转角处木料端部交叉咬合，形成房屋四壁，形如古代井上的木围栏，再在左右两侧壁上立矮柱承脊檩，构成房屋。

五层重仓库（山东沂南画像石刻）

五层脊庙房（画像石刻）

建筑组群（江苏睢宁画像石刻）

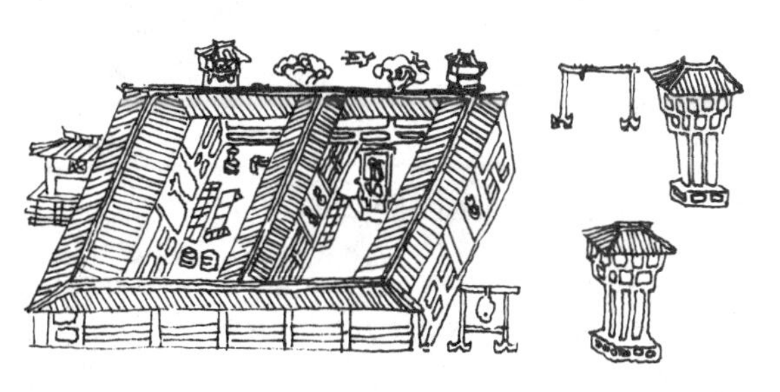

庭院（山东沂南石墓石刻）

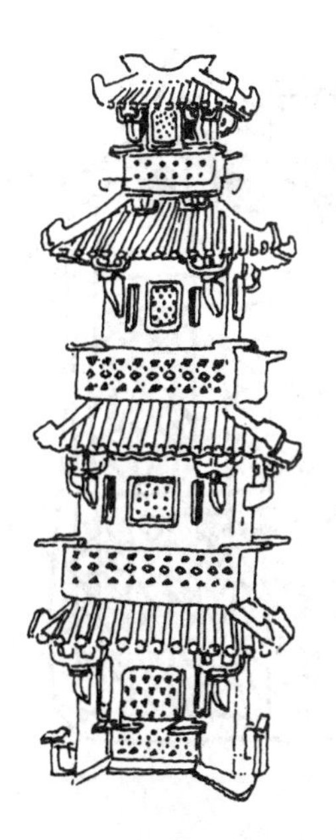

望楼
（山东高唐汉墓明器）

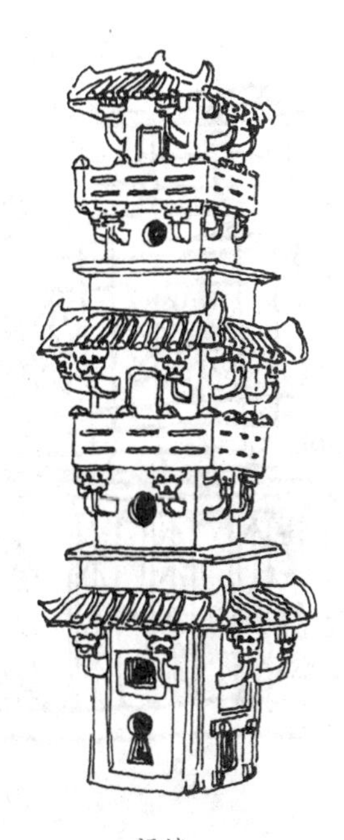

望楼
（河北望都汉墓明器）

望楼
（河南陕县汉墓明器）

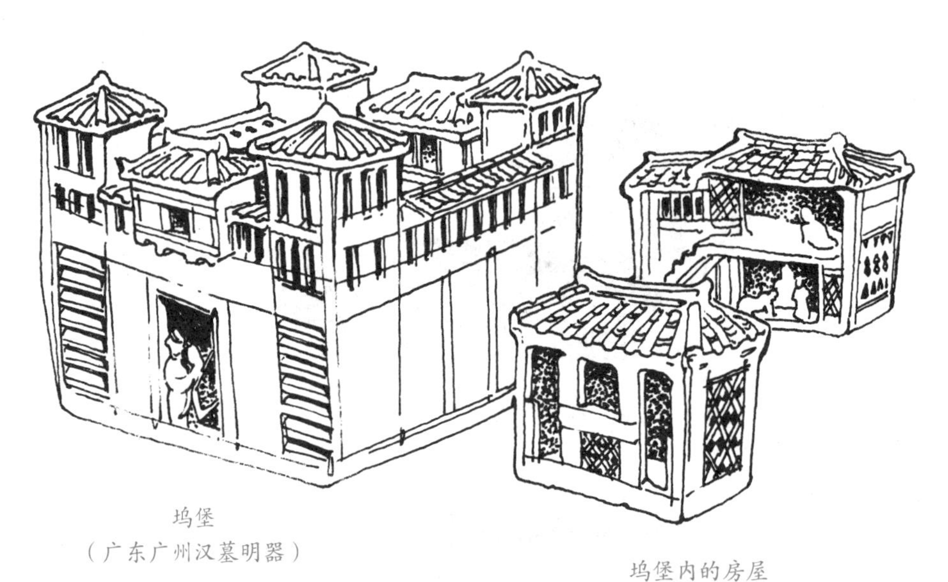

坞堡
（广东广州汉墓明器）

坞堡内的房屋

坞堡

坞堡又称坞壁，是一种民间防卫性建筑，大约形成于王莽天凤年间。当时北方大饥，社会动荡不安，富豪之家为求自保，纷纷构筑坞堡营壁。汉代豪强聚族而居，故此类建筑的外观颇似城堡。

穿斗式结构

穿斗式结构是中国古代建筑木结构的一种形式，这种结构以柱直接承檩，没有梁，原作穿兜架，后简化为“穿逗架”。穿斗式结构以柱承檩的做法，可能和早期的纵架有一定的渊源关系，已有悠久的历史。在汉代画像石刻中就可以看到汉代穿斗式结构房屋的形象。

穿斗式结构是一种轻型结构，柱径一般为20～30厘米；穿枋断面不过6厘米×12厘米至10厘米×20厘米；檩距一般在100厘米以内；椽的用料也较细。椽上直接铺瓦，不加望板、望砖。屋顶重量较轻，有优良的防震性能。

穿斗式结构
（广东广州汉墓明器）

檐部

挑出斜面下穿上段斗拱

挑出斜面下段支条

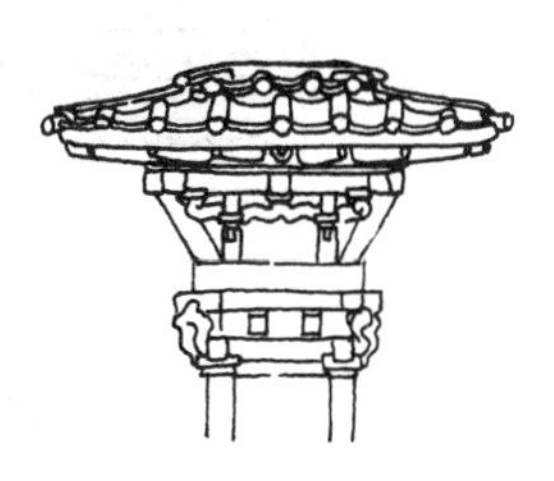

挑出斜面及斗拱

屋顶脊饰

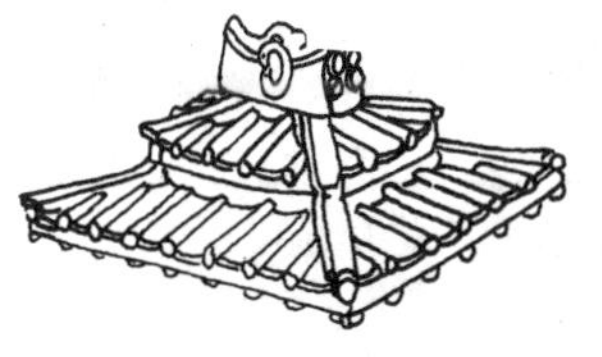

高颐阁屋脊

明器屋脊

寸城山石刻屋脊

武侯祠石刻屋顶

四川成都画像砖
阙屋脊上凤

木门

版本

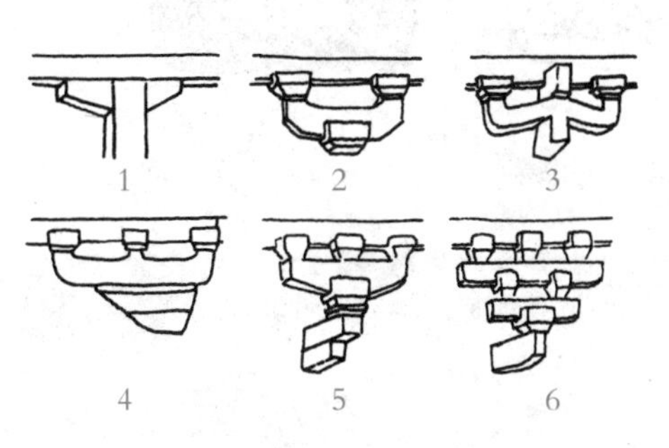

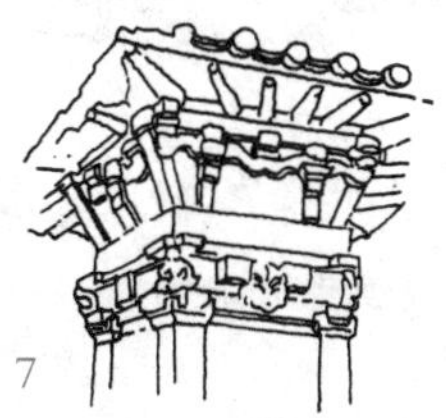

斗拱

1. 实拍拱
2、3. 一斗二升斗拱
4、5. 一斗三升斗拱
6. 斗拱重叠出跳
7. 曲拱及转角做法

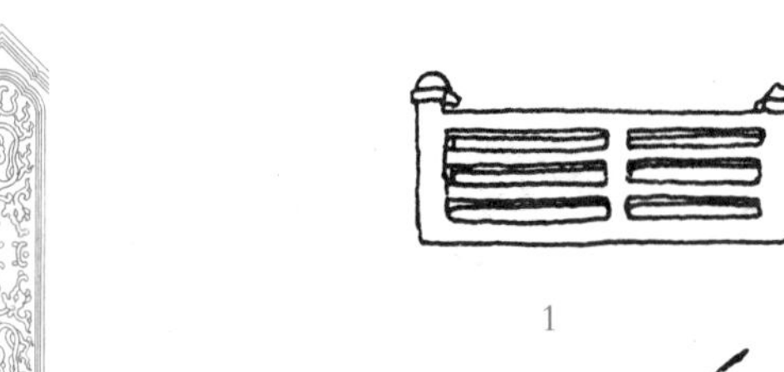

1

2

3

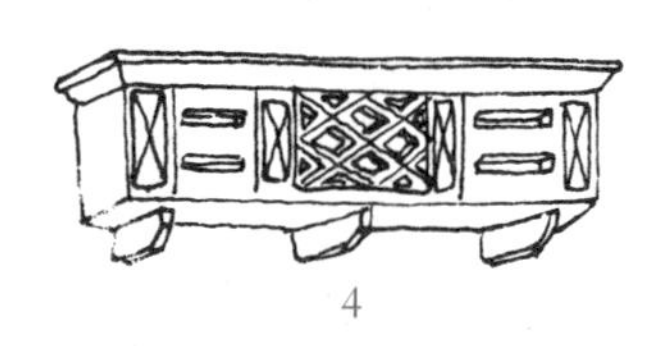

4

栏杆

1、2. 卧棂栏杆（汉明器）
3. 斗子蜀柱栏杆（山东两城山石刻）
4. 栏杆（汉明器）

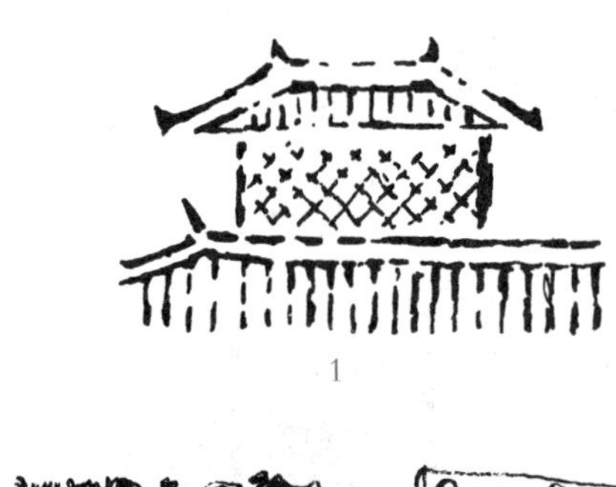

1

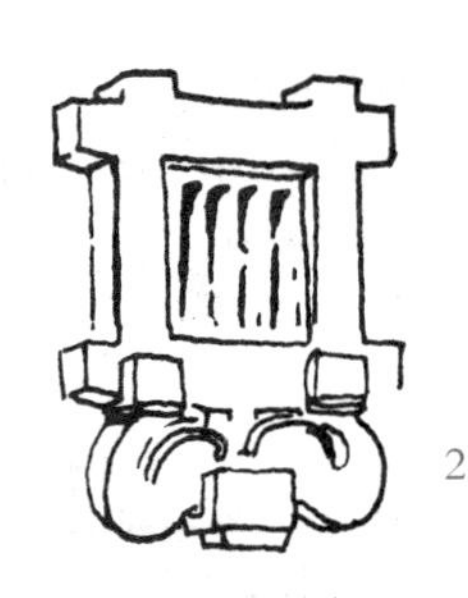

2

3

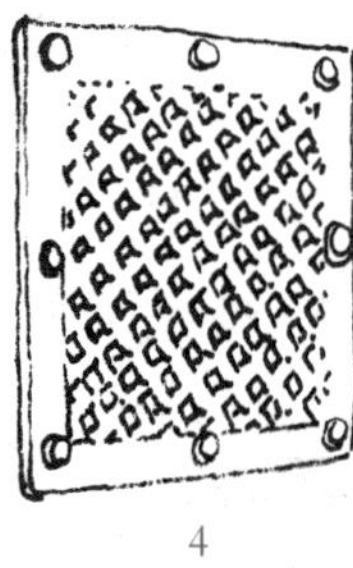

4

5

窗

1. 天窗（画像砖）
2. 直棂窗（崖墓）
3. 窗（江苏徐州汉墓）
4. 窗（汉明器）
5. 锁纹窗（江苏徐州汉墓）

八角柱
（山东沂南古画像石墓）

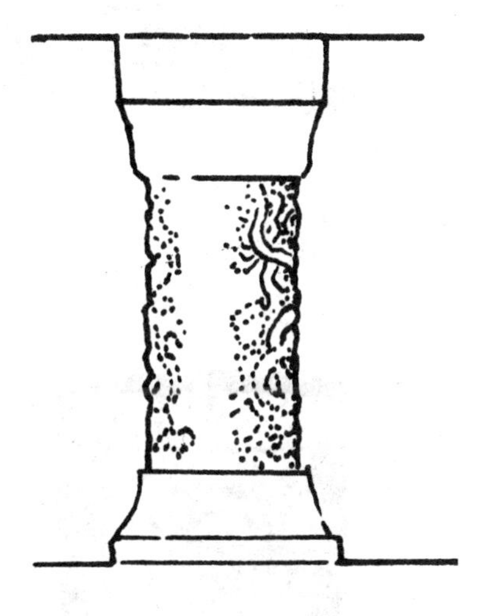

圆柱
（山东安丘汉墓）

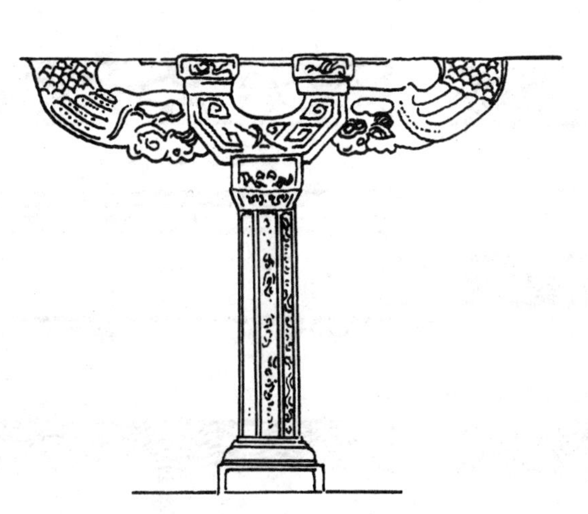

八角柱
（山东沂南古画像石墓）

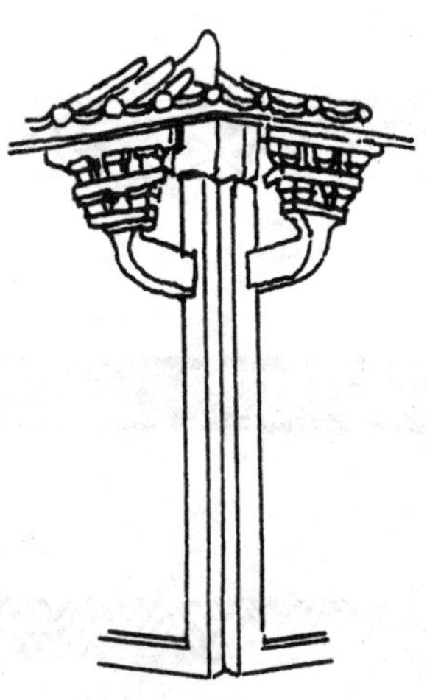

方形双柱
（河北望都明器）

台基（山东雨城山石刻）

农耕纹样

龙

雷纹

菱形编环纹

菱形纹

绳纹

连弧纹

三角几何纹

波形纹

汉代建筑装饰纹样

二、阙、画像石、画像砖

古建筑中的阙

阙，是一个关于道的概念，也是一个关于范畴的概念。阙是一种建设在道路之上的门类示意物，用来表示由此而始，行者将进入一个“规定了的区域”。

皇宫门口的阙，也叫象魏，远古时用于颁布法令之地，是古代宫廷等大型建筑入口处竖立的双柱的名称，东阙叫苍龙阙；北阙叫玄武阙。

阙，在中国古建筑中也是一种特殊的类型，它的发展变化很大。现存的地面古建筑中，要以阙为最早，汉代的地面古建筑除一两处石祠外，就是阙了。阙一般有台基、阙身和屋顶三部分。阙按它所在的位置分，大约有宫阙、坛庙阙、陵墓阙、城阙、国门阙等。

宫阙

位于帝王之居宫门前面。那种在宫门前建独立的二台（两观）的形式，自汉魏以后已有变化，逐渐与皇宫大门相结合，成为一个整体了。早期的遗物已不存在，现在保存唯一的宫阙遗物就是北京明清故宫的午门。它的位置在皇宫正殿大门太和门之外，但它与早期两观形式不同了，已与午门相结合，构成凹形的平面。如果把两旁的东、西雁翅楼分开，还可以重现两观的形式。现在的午门又称五凤楼，但是在正门两旁的侧门上，还特意加上了“阙左门”和“阙右门”的名字，以保存原来宫阙的遗意。这种将双阙两观与宫殿宫门相结合的形式，从唐宋以来的绘画和遗址中经常可以看到，可见其演变发展由来已久。

坛庙阙

位于大型的坛庙大门左右，现存遗物有著名的嵩山三阙，位于河南省登封市嵩山之麓，即太室庙阙、少室庙阙和启母庙阙，于公元 2 世纪初所建。三阙均为石制，阙身上有汉代隶书题记和各种人物、车马、动植物、建筑物的雕刻，是研究汉代社会生活、风俗习惯和书法艺术的珍贵资料。

陵墓阙

陵墓阙是现存汉阙中保存得最多的一类。它们位于陵墓之前，两相对称，中阙为道，为陵墓神道的入口大门。它们或木构，或石砌。木阙现已无存，石阙则实例颇多，均为后汉之物。阙身形制略如碑且略厚，上覆以檐；其附有子阙者，则有较低较小之阙，另具檐瓦，倚于主阙之侧。檐下既有刻作斗拱枋额，模仿木构形状的情况，也有不做斗拱，仅用上大下小的石块承檐的情况。著名的陵墓阙有四川渠县的冯焕阙、沈府君阙，绵阳平阳府君阙，梓潼李业阙以及山东嘉祥武氏阙（有子阙而无斗拱），平邑皇圣卿阙等十数处。这些阙均为公元一、二世纪的遗物，不仅是研究汉代建筑也是研究汉代社会生活和书法、雕刻艺术的重要实物。

陵墓阙自汉唐以后也有所改变，已逐渐从一般墓道中消失。陕西西安附近汉唐陵墓的陵门前双阙尚有遗址可寻，而唐高宗和武则天合葬墓神道前的双阙遗址借双峰为阙址，气势更为雄伟。

城阙

古时候，常常在城门的两旁建立双阙，以为守望，称作城阙。《诗经•郑风•子衿》上有“佻兮达兮，在城阙兮”的句子。白居易《长恨歌》中的“九重城阙烟尘生，千乘万骑西南行”，指的更是整个京城了。

国门阙

国门阙只是一种想象，并无实物建筑。最近在辽宁绥中海边发现了秦始皇行宫遗址前大海中的一对峙立的礁石，俗称为海门，可能秦始皇当时巡视海疆时，曾把它当作国门阙。

汉阙的建筑形式有单阙对立的，也有带子阙的，还有两阙之间连以门楼阁道的，北京故宫午门可能就是从这种形式发展而来的。

著名的汉阙还有重庆市忠县乌杨镇出土的乌杨石阙。2001 年，在三峡文物保护抢救工作中发掘出土，它是我国目前幸存的、大多数为全国重点保护文物的 30 余处汉阙中，唯一通过考古发掘复原，并发现了相关的阙址、神道、墓葬的阙。乌杨石阙今陈列于重庆中国三峡博物馆中庭，也是目前所知的第一个作为博物馆馆藏文物的汉阙。

四川雅安高颐墓门

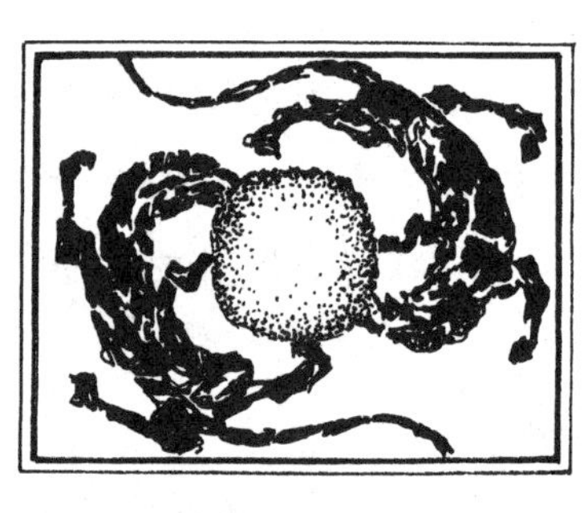

北京西郊东汉秦君墓墓表的基座纹样（平面）

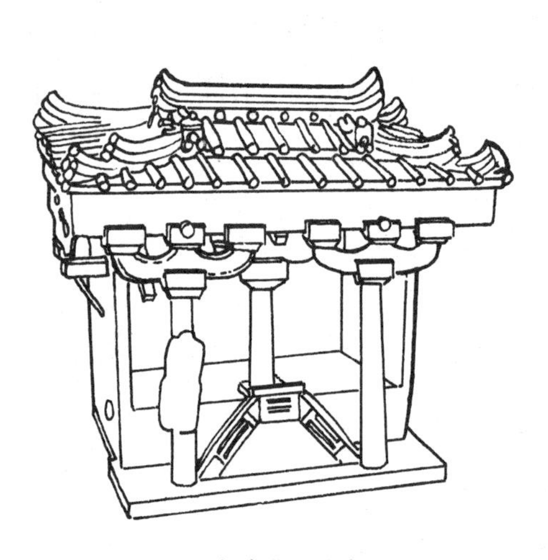

四川牧马山崖墓出土的东汉明器

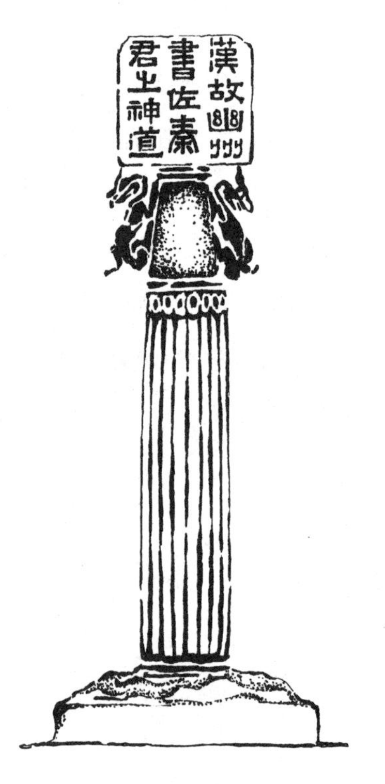

北京西郊东汉秦君墓墓表

植物纹样

莲花

莲花是美好、善良、圣洁、宽容大度的象征。

卷草

卷草纹是中国传统图案之一。多取忍冬、荷花、兰花、牡丹等花草，经处理后作“S”形波状曲线排列，构成二方连续图案，花草造型多曲卷圆润，通称卷草纹。

棘竹柱
（四川柿子湾汉墓）

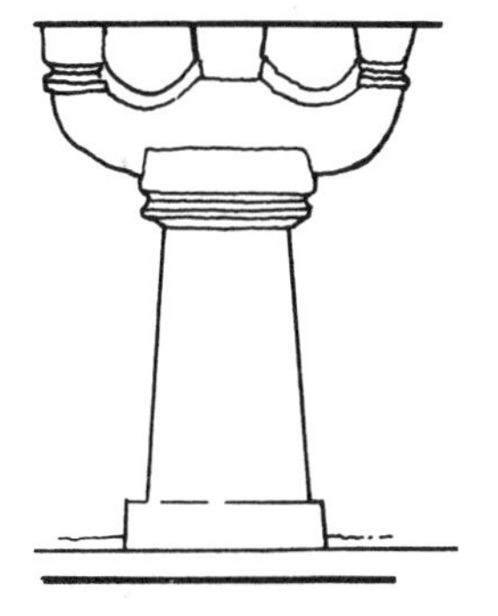

方柱
（四川鼓山崖墓）

蟠螭纹

蟠螭纹

蟠螭纹是中国青铜器上的一种装饰。螭是传说中的一种没有角的龙，张口、卷尾、蟠屈。有的作二方连续排列，有的构成四方连续纹样。一般都作主纹应用。该纹盛行于战国。战国时的蟠螭纹，圆眼大鼻，双线细眉，猫耳，颈粗大且弯曲，腿部的线条变弯曲，脚爪常上翘，身上多为阴线勾勒，尾部呈胺丝状阴刻线。

台基（鼓县画像砖）

阙门小吏

阙（四川成都画像砖）

凤阙·阙（河南新密汉墓画像砖）

阙·阙楼

阙（河南新密画像砖）

阙·阙楼

双阙（汉建筑砖）

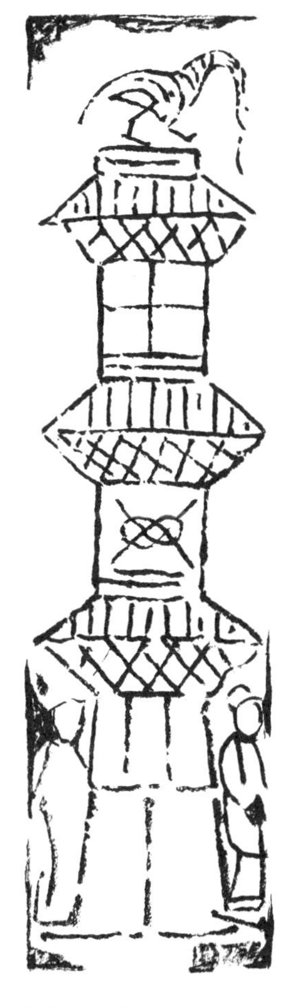

凤阙（河南新密汉画像砖）

门阙（汉画像砖）

汉阙门

汉阙（四川画像砖）

四川赵氏石阙（汉）

四川高颐石阙（汉）

三、陶俑、石雕、砖雕、浮雕

陶倚俑（西汉）

陶双舞俑（西汉）

跃马（西汉）

陶舞俑（西汉）

石兽（东汉）

陶说唱俑（东汉）

陶抵兽浮雕（战国）

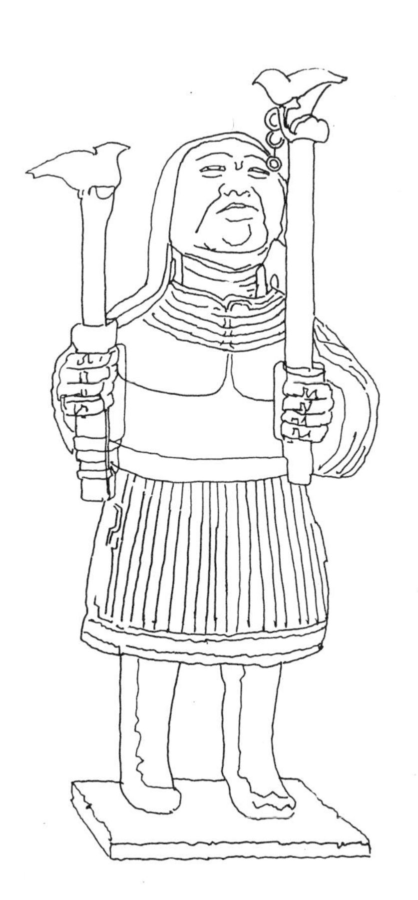

玩鸟陶俑（战国）

陶武士俑（西汉）

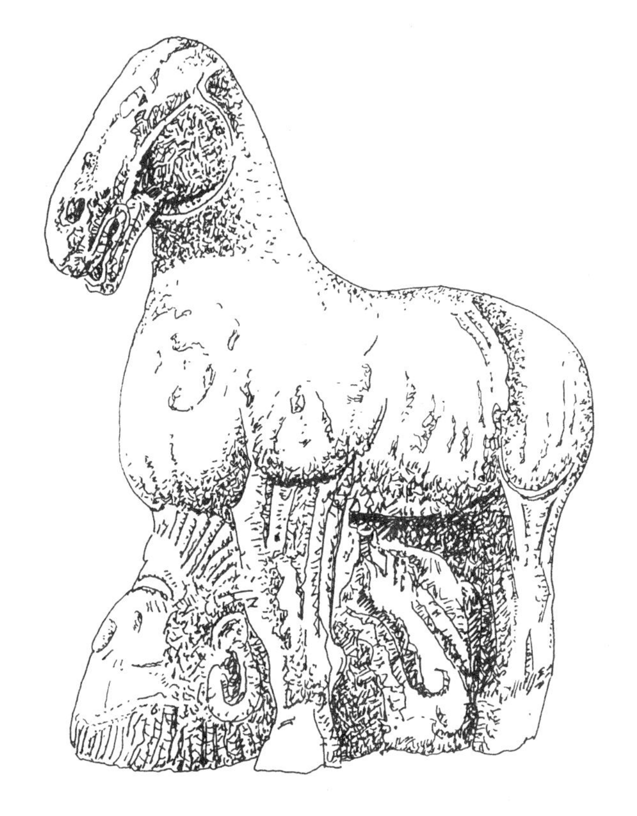

马踏匈奴（西汉霍去病墓石雕）

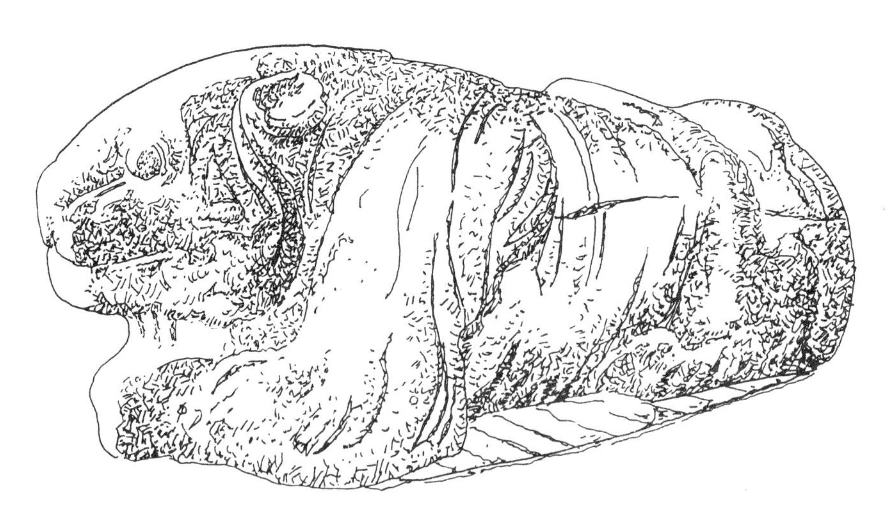

伏虎（西汉霍去病墓石雕）

石辟邪（东汉）

朱雀浮雕（东汉）

陶抵兽浮雕（战国）

跃马石雕（西汉）

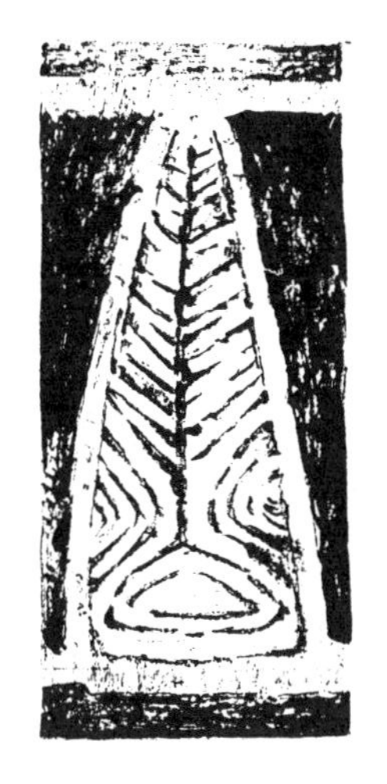

蝉纹·汉砖

常青树纹·汉砖

河南新密画像砖（汉）

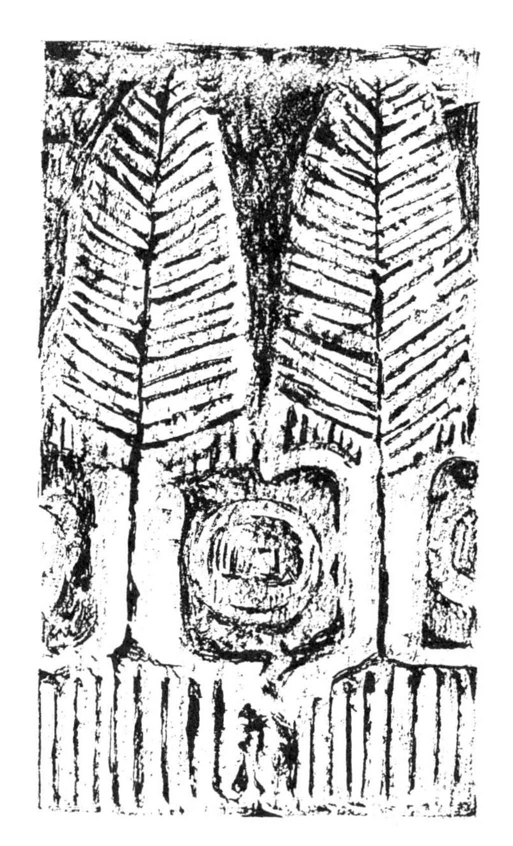

五铢常青树纹（秦汉画像砖）

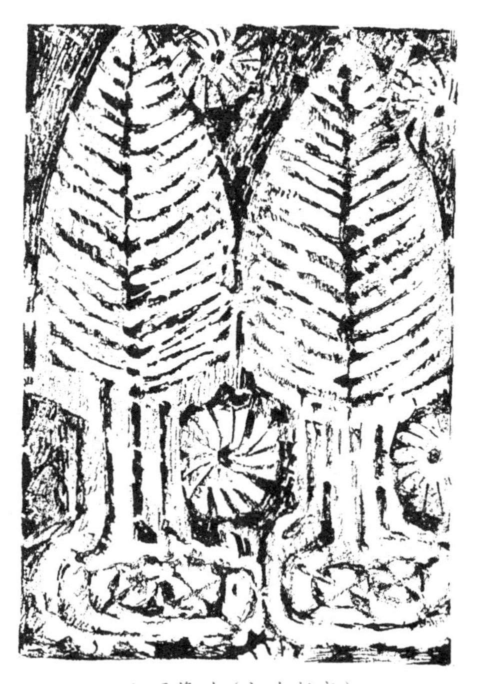

汉画像砖（河南新密）

山东沂南汉墓画像砖梁桥（汉代）

河南新野裸拱画像砖（东汉）

四、瓦当

瓦，即具有圆弧的陶片，用于覆盖屋顶。所谓“当”，据解释:“当，底也，瓦覆檐际者，正当众瓦之底，又栉比于檐端，瓦瓦相盾，故有当名。”瓦当是瓦的头端，瓦用于古代中国建筑的屋面，主要作用是防水、排水和保护木构的屋架部分。在实用上，既便于屋顶排水，起着保护檐头的作用，也增加了建筑的美观。中国最早的瓦当集中发现于陕西扶风岐山周原遗址（这里是西周的发祥地），多为素面半圆形瓦当，个别的有重环纹半瓦当。

瓦当样式主要有圆形和半圆形两种。半圆形瓦当称为半瓦当，主要见于秦及秦以前。瓦当部分多雕饰有各种图案，常见的有文字瓦当、动物纹瓦当、植物纹瓦当、几何纹瓦当以及组合纹瓦当（如几何纹文字瓦当、动物纹文字瓦当、植物动物纹瓦当等），也有不加雕饰的素面瓦当。

到了战国，七雄争霸，各国所用的瓦当具有浓厚的地方特色，基本上是以图像瓦当为多，如山东淄博齐故城出土的树木双兽纹半瓦当；河北易县燕下都出土的饕餮纹半瓦当；陕西凤翔秦都雍城出土的动物纹圆瓦当和咸阳出土的云纹、葵纹瓦当等，其中以秦动物纹瓦当最为突出。秦代以后，云纹、葵纹瓦当流行起来。进入汉代，瓦当在使用的广泛性和艺术性方面都进入鼎盛时期，分布的地域极广。西汉瓦当除了变化多端的各式云纹瓦当外，西汉中期出现了瓦当的最后也是最重要的大类——文字瓦当，其直径多在 15 厘米至 18.5 厘米之间，小的直径有 13 厘米，大的可达 22 厘米。文字少则 1 字，多则 12 字。依文字内容可分为宫苑、官署、祠墓、宅舍、吉语、纪事几大类。西汉文字瓦当，字大而遒美，量多而变化无穷，实为西汉书法的珍贵遗存。图像瓦当已不是汉代瓦当的主流，但汉长安城一带的青龙、白虎、朱雀、玄武四神瓦当却是图像瓦当的压卷绝唱。东汉以后，随着佛教的传入，文字瓦当和图像瓦当逐渐衰落，莲花纹瓦当兴盛起来，还有少数的佛像瓦当。

饕餮纹

双鸟纹

双马一树纹

龙纹

龙虎纹

龙纹

战国瓦当

山字纹

兽面纹

虎纹

饕餮纹

龙纹

饕餮纹

战国瓦当

双凤纹

双龙纹

双龙纹

双龙纹

双龙纹

双龙纹

战国瓦当

饕餮纹

虎纹

饕餮纹

鹤纹

饕餮纹

山字纹

战国瓦当

山字纹

龙树纹

四鹤纹

饕餮纹

山字纹

双马树纹

战国瓦当

永保千秋

永保子孙

长乐未央

千秋万世

青蛙嘉禾纹

玄武纹

秦汉瓦当

千秋万岁

飞龙纹

富贵万岁

亿年无疆

葵纹

鸣鹿纹

秦汉瓦当

千秋万岁與地无极

万岁

延年

万岁万岁

奔鹿纹

维天降灵延元万年天下康宁

秦汉瓦当

延寿万岁常与天久长

关

万岁万岁

黄山

鹤纹

蟾兔纹

秦汉瓦当

无极

千秋

千秋万世

与天无极

三雁纹

双鱼纹

秦汉瓦当

万岁

生命无极

船室

与天无极

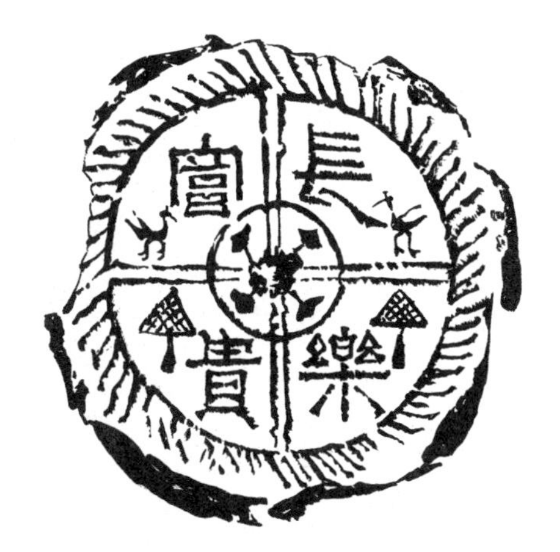

长乐富贵

雁纹

秦汉瓦当

阳遂富□

富昌未央

万岁

官吉大宜

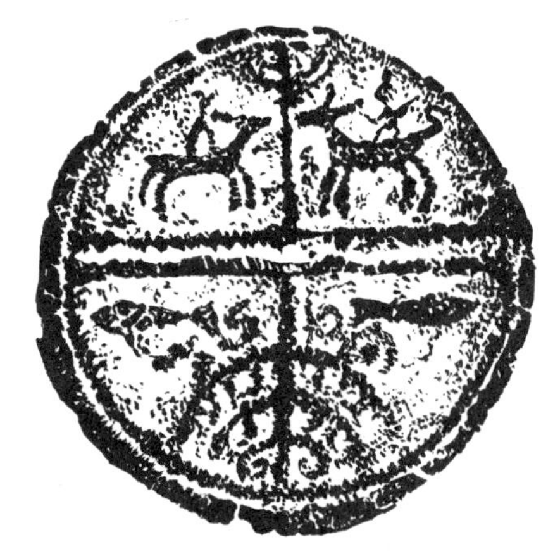

双鹿双鱼纹

云纹

秦汉瓦当

利君未央

安世万岁

千秋万世

延寿长天

猴子纹

喜禾纹

秦汉瓦当

延年益寿

五五大吉

千秋万岁余未央

千秋万岁安乐无极

千秋万年

千年万岁

秦汉瓦当

云纹

云纹

云纹

云纹

云树纹

云纹

秦汉瓦当

双凤纹

双凤朝阳纹

子母雉树纹

双龙纹

朱雀纹

虎纹

秦汉瓦当

云纹

云纹

葵纹

常云纹

蝉纹

葵纹

秦汉瓦当

云纹　　云纹

云纹成山　　云纹

云树纹　　云纹

秦汉瓦当

子母鹿纹

六鹿纹

飞龙纹

青龙纹

双獾纹

青龙纹

秦汉瓦当

葵纹

四鹿纹

云纹

青龙纹

双鹤云纹

四兽纹

秦汉瓦当

云纹

奔鹿纹

葵纹

三雁纹

云纹

豹纹

秦汉瓦当

云纹　　云纹

云宫纹　　葵纹

龟鸟纹　　云纹

秦汉瓦当

四雉纹

子母雉纹

豹纹

双豹纹

朱雀纹

龙凤纹

秦汉瓦当

雉纹

三鹿纹

母子虎纹

虎纹

白虎纹

四灵丰字纹

秦汉瓦当

双凤纹

凤纹

双虎纹

虎纹

玄武纹

兽纹

秦汉瓦当

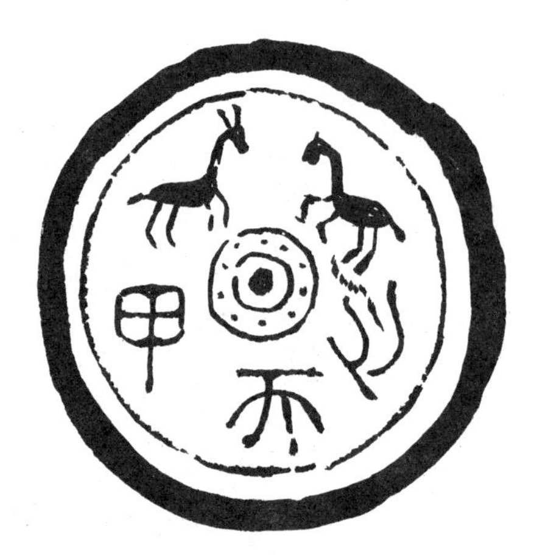

马甲天下

云纹

君子

云纹

马字云纹

云纹

秦汉瓦当

富贵

永保国阜

京师寓当

李

六畜蕃息

鲜神所食

秦汉瓦当

鹿甲天下

变门

长生未央

关

寿成

马甲天下

秦汉瓦当

五谷满仓

以为良人有以

车字纹

焦字纹

吉月灯照

家鸟纹

秦汉瓦当

薪世所作

眉纹

樱桃转舍

临廷

兵水屯瓦

平乐宫阿

秦汉瓦当

关纹

百万石仓

飞鸿延年

卫

千秋万世

与天

秦汉瓦当

与天毋报

与天长乐

与天无极

富贵毋央

方春富贵

千秋万世

秦汉瓦当

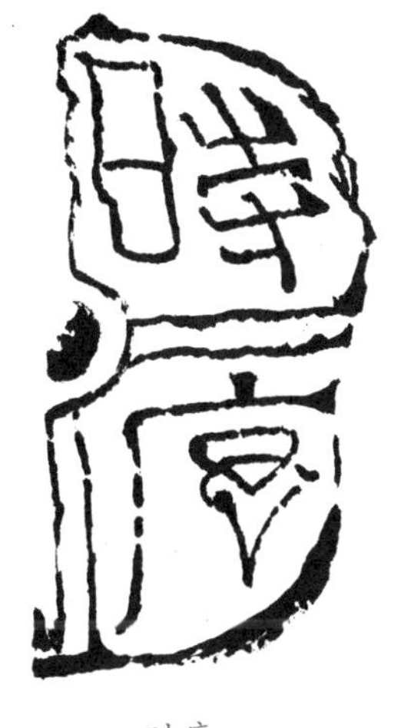

时序

天地相□与□世世

宜侯□昌饮酒

延年益寿

秦汉瓦当

双马树纹

双马树纹

人马树纹

双兽双鸟树纹

人马树纹

双兽树纹

卷草纹

树纹

秦汉瓦当

双兽一树纹

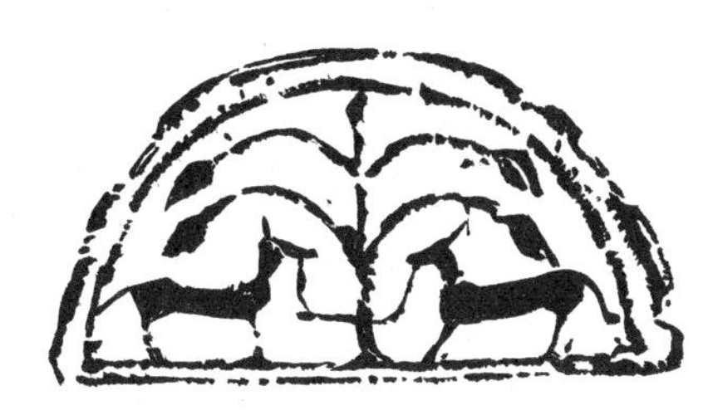
双马一树纹

涡纹

涡纹

树纹

双马一树纹

饲兽纹

双鹿一树纹

秦汉瓦当

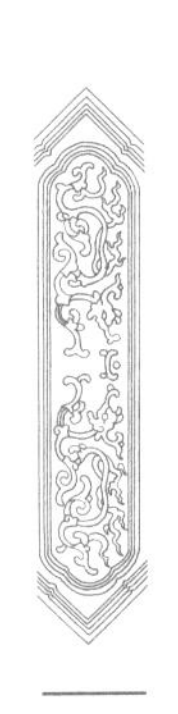

双马一树纹

双兽一树纹

双马一树纹

树纹

双马一树纹

双马一树纹

双鹿一树纹

树纹

秦汉瓦当

莲心云纹

莲花纹

万字云纹

秦汉瓦当

五、画像石墓

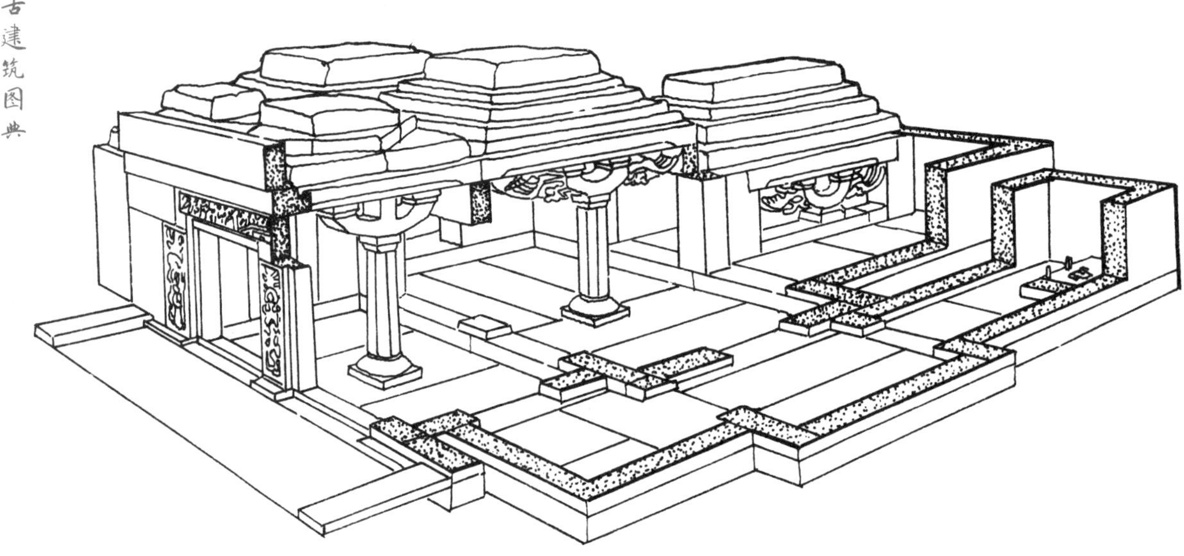

山东沂南古画像石墓

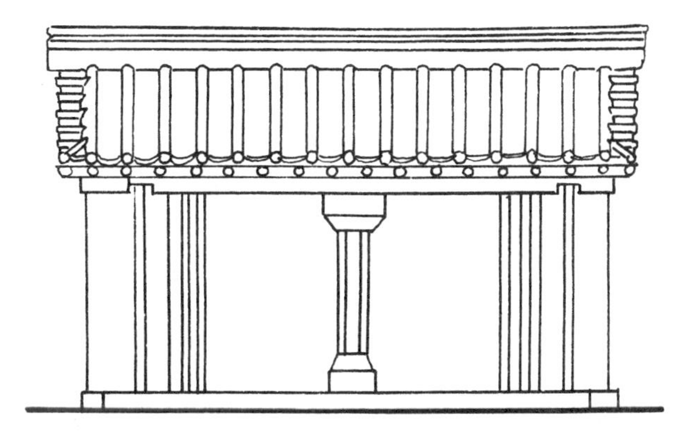

山东肥城孝堂山墓祠

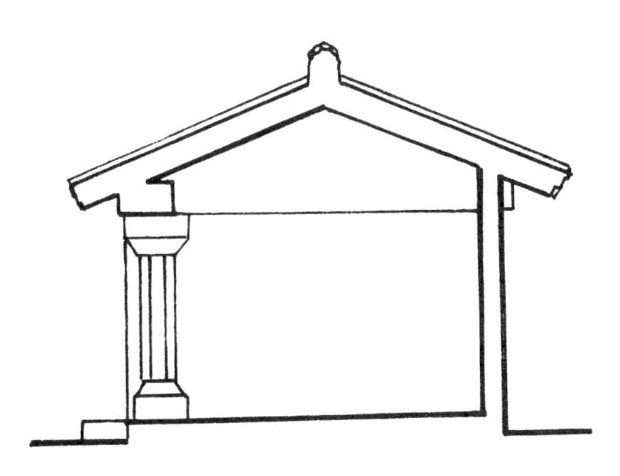

山东肥城孝堂山墓祠

山东肥城孝堂山墓祠

山东肥城孝堂山墓祠是中国东汉墓地祠堂，位于山东长清区孝里镇南的孝堂山顶，是中国现存最早的石筑石刻房屋建筑。两坡悬山顶，有正脊，用筒瓦、板瓦；正面两开间，中立八角柱，柱上下各有一斗。孝堂山郭氏墓石祠建于东汉初年，历经两千年历史风云，石祠之外的庙宇建筑几经变迁，但石祠至今完好无损，它也成为我国现存最早的地面房屋建筑。

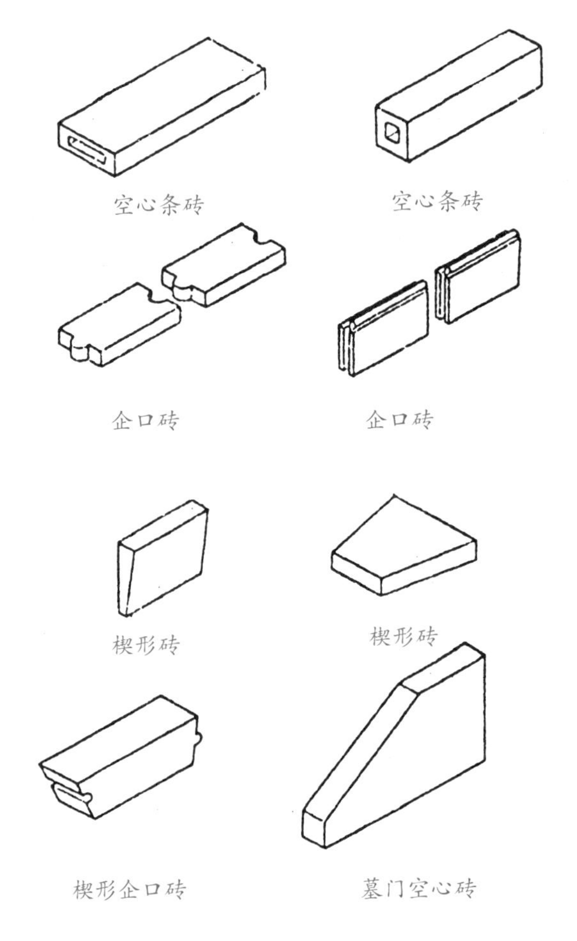

各种类型的墓砖

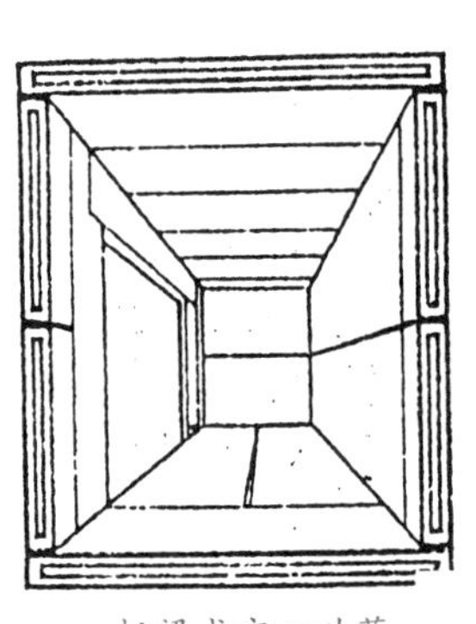

板梁式空心砖墓
（河南洛阳）

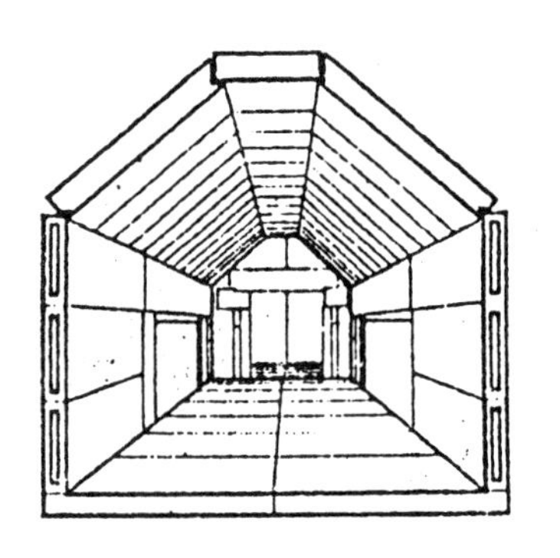

斜撑板梁式空心砖墓
（河南洛阳）

战国、两汉砖墓结构

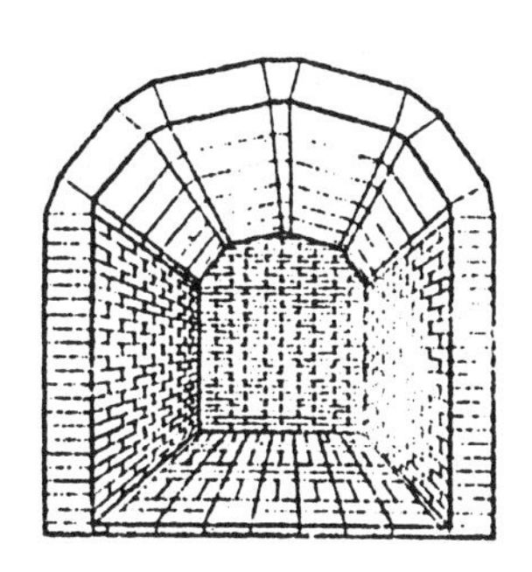

折线嵌楔形空心砖墓
（河南洛阳）

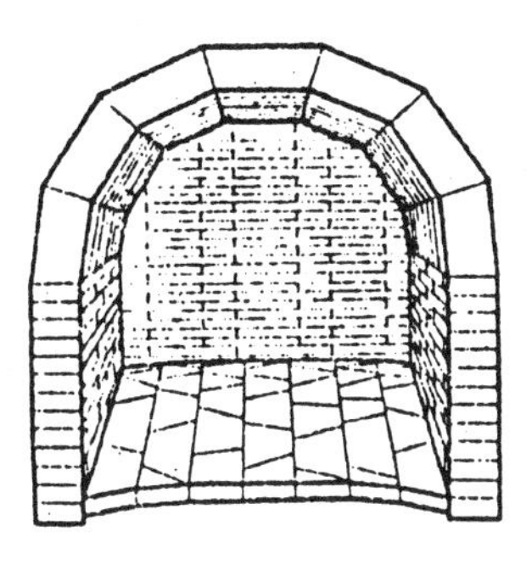

折线楔形空心砖墓
（四川新繁）

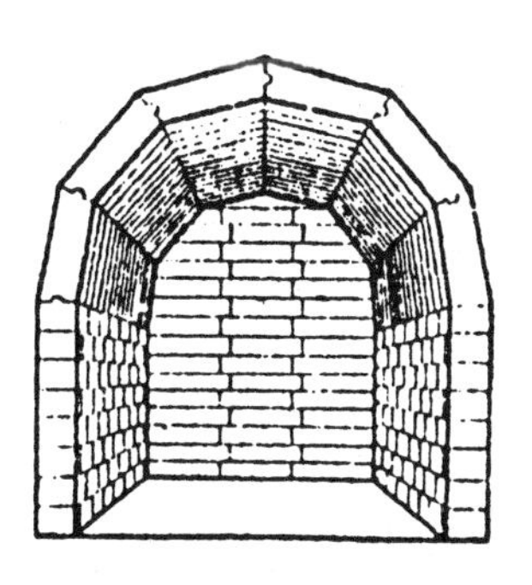

折线楔形企口空心砖墓
（四川成都）

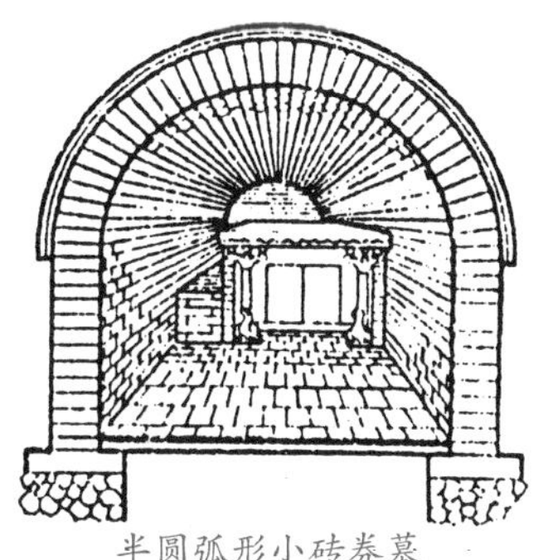

半圆弧形小砖券墓
（四川德阳）

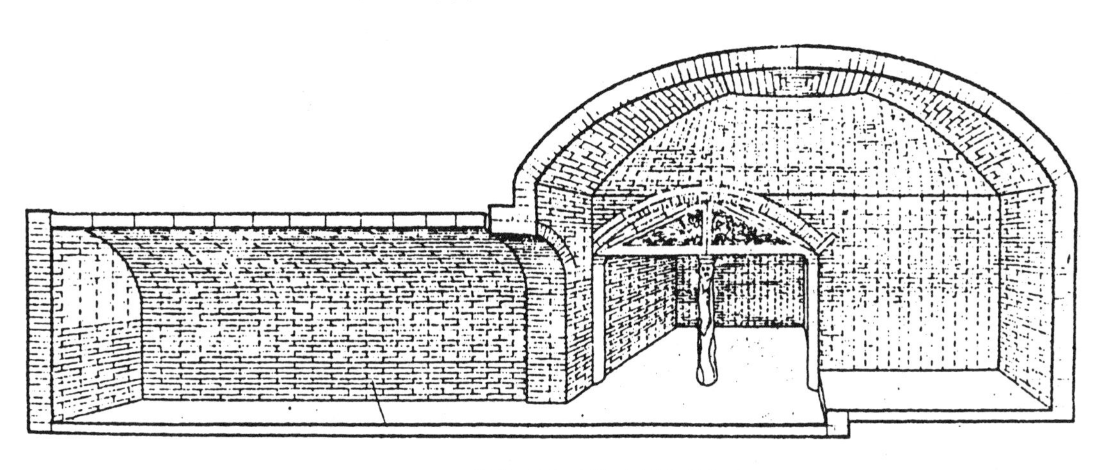

穹隆顶小砖墓（河南洛阳）

战国、两汉砖墓结构

第四章 两晋、南北朝时期的建筑

两晋和南北朝时期中国历史上出现了一次民族大融合。佛教得以广泛流传；道教也在这时得到发展。在思想领域里，出现了儒、道、释互相争论和互相交融的局面。

这个时期，除宫殿、住宅、园林等建筑继续发展外，又出现了大量佛教和道教建筑，广建寺塔，遍及全国。这个时期还开凿了若干规模巨大和雕刻精美的石窟，成为存留至今的一个极为宝贵的艺术遗产。

都城及宫殿

西晋、十六国和北朝前后分别兴建了很多都城和宫殿，其中规模较大、使用时间较长的是邺城和洛阳的宫室。东晋和南朝则始终建都于建康（今江苏南京）。

十六国中的后赵，在公元 4 世纪初沿用曹魏旧城的布局，把邺城重新建造起来，又建华林园及观台 40 余所。这些宫殿、观台只经过十几年就被战火所毁。

三国曹魏的都城洛阳，依东汉旧制建南北二宫，并在城北大建苑囿。西晋续有兴建，但永嘉之乱后这座都城次第被毁。公元 494 年，北魏孝文帝由平城迁都洛阳，在西晋洛阳的故址上进行建造。北魏洛阳有宫城与都城两重城垣，都城即汉魏洛阳的故城，宫城在都城的中央偏北一带，基本上是曹魏时期的北宫地位；宫北的苑囿也是曹魏芳林园故处。有名的永宁寺在贯通南北的大干道——铜驼街上。

天平元年（公元 534 年），东魏自洛阳迁都至邺，在旧城的南侧增建新城。

宫城位于城的南北轴线上，大朝太极殿的左右建东西堂，但在这组宫殿的两侧又并列建含元殿和凉风殿，在太极殿后面还有朱华门和常朝昭阳殿。从这可以看出，东魏宫殿布局除沿用曹魏洛阳宫殿旧制外，还附会了《礼记》所载的“三朝”布局思想。宫城北面为苑囿。宫城以南建立官署及居住的里坊。城外东西郊又建有东市和西市。公元550年，北齐灭东魏后，仍以邺为都城，也增建了不少宫殿，并在旧城西部建造大规模的苑囿，又重建铜雀等三台并改称为金凤、圣应、崇光。公元577年，北周灭北齐，这座宏丽的都城受到破坏，后来逐渐成为废墟。

建康自公元317年东晋奠都起，至公元589年陈亡止，一直是中国南方各朝代的都城。东晋时期的建康是在三国吴建业的旧址上逐步发展起来的。宫殿的布局大体依仿魏晋旧制。正中的太极殿是朝会的正殿，正殿的两侧建有皇帝听政和宴会的东西二堂，殿前又建有东西两阁。宫城外的西南有永安宫。苑囿位于城外东北一带。

住宅

北魏和东魏时期，贵族住宅的正门，据雕刻所示，往往用庑殿式屋顶和鸱尾，围墙上有成排的直棂窗，可能墙内建有围绕着庭院的走廊。当时有不少贵族官僚舍宅为寺，不难想象这些住宅是由若干大型厅堂和庭院回廊等组成。雕刻中，有些房屋在室内地面布席而坐，也有些在台基上施短柱与枋，很像是用此二者构成木架，再在其上铺板与席。墙上多数装设直棂窗，悬挂竹帘与帷幕。

中国自然风景式园林在这时期曾有若干新发展。北魏末期，贵族们的住宅后部往往建有园林，园中有土山、钓台、曲沼、飞梁、重阁等。魏晋以来，一些士大夫标榜旷达风流，爱好自然野致，在造园方面，聚石引泉，植林开涧，企图创造一种比较朴素、自然的意境。这种新风尚无疑对当时的园林和苑囿产生了一定的影响。

寺和塔

佛教传入中国可能始于西汉后期，但最早记载的佛寺是东汉永平十年（公元67年）的洛阳白马寺，它是利用原来接待宾客的官署——鸿胪寺改建而成的。随着统治阶级的提倡，兴建佛寺逐渐成为当时社会的重要建筑活动之一。南朝首都建康有500多所佛寺；北魏建有佛寺3万多所；仅北魏都城洛阳就有1 367所佛寺。随着佛寺的建设，佛塔这一重要建筑物也大量出现在人们的视野中。这一时期的佛教建筑活动，对以后中国建筑的发展是有较大影响的。

木结构的楼阁式塔

据记载，这样的木结构塔首见于东汉末年，南北朝时数量最多，成为当时塔的主流，以洛阳永宁寺塔为代表。它是北魏最宏伟的建筑之一。

永宁寺是北魏熙平元年（公元516年）胡灵太后所建。塔高九层，正方形，每面九间。每面有三门六窗，门漆成朱红色，门扉上有金环铺首及五行金钉，共用金钉5 400枚。塔上有金宝瓶，宝瓶下置金盘十一重，四周悬挂金铎。又有铁锁四道，将刹系住在塔顶的四角上，琐上悬挂金铎；塔九层檐的四角也都悬有金铎；上下共有120个金铎。该塔在北魏（公元534年）被焚毁。

砖造的密檐式塔

北魏正光四年（公元523年）建造在河南登封市的嵩岳寺塔是中国现存年代最早的砖塔，也是中国所存唯一的十二边形平面的塔。除了塔刹部分用石雕以外，全部用灰黄色的砖砌成。塔高约39.5米。底层直径约10.6米，内部空间直径约5米，壁体厚2.5米。塔身建于简朴的台基上。在塔身中部，用挑出的砖叠涩将塔身分为上下两段，而上段建于叠涩上，比下段稍大。四个正面有贯通上下两段的门，门上的半圆形拱券上做成尖形券面装饰。下段八面都是光素的砖面，上段塔身这八个面上各砌出一个单层方塔形的壁龛，龛座用隐起壶门和狮子作装饰。又在上段塔身上砌出角柱。柱下有砖雕的莲瓣形柱础，柱头饰以砖雕的火焰和垂莲。塔身以上用叠涩做成十五层密接的塔檐，每层檐之间只有短短一段塔身，每面各有一个小窗，但多数仅具窗形，并不采光。塔外部色彩原为白色，这是当时砖塔的一个特点。塔顶的刹在壮硕的覆莲上，以仰莲承受相轮，形制雄健，全部用石造。

总之，佛教自传入中国以后，在这个时期有了很大的发展。佛教建筑也在中国传统建筑的基础上，创造出具有中国特色的佛教建筑。

石窟的建筑和雕刻

石窟寺是这时期佛教建筑的重要类型。它是在山崖陡壁上开凿出来的洞窟形的佛寺建筑。

南北朝时期最重要的石窟有山西大同云冈石窟、甘肃敦煌的莫高窟、甘肃天水麦积山石窟、河南洛阳的龙门石窟、山西太原的天龙山石窟和河北邯郸的南北响堂山石窟等。石窟的布局与外观具有若干地区性，从发展来看，大致可分为三个类型。

(1) 初期的石窟，如云冈第 16 窟至第 20 窟 5 个大窟，都是开凿成椭圆形平面的大山洞，洞顶雕成穹隆形。它的前方有一个门，门上有一个窗，后壁中央雕刻一座巨大的佛像，而以高达 15.6 米的第 17 窟的雕像为最大，其左右有侍立的胁侍菩萨，左右壁又雕许多小佛像，这些佛像几乎充满整个洞窟。这类石窟的主要特点是：窟内主像特大，洞顶及壁面没有建筑处理，而窟外可能有木结构的殿廊，同时在数量上也是最少的一种。

(2) 晚于五大窟的云冈第 5 窟至第 8 窟与莫高窟中的北魏各窟多采用方形平面；或规模稍大，具有前后二室；或在窟中央设一巨大的中心柱，柱上有的雕刻佛像，有的刻成塔的形式。窟顶则做成覆斗形、穹隆形或方形、长方形平棊，这类窟的壁面都满布技艺精湛的雕像或壁画，除了佛像外，还有佛教故事及建筑、装饰花纹等。窟的外部多雕有火焰券面装饰的门，门以上有个方形小窗。这种类型的石窟，内部已有建筑处理，雕像宾主分明达到恰当的地步，雕像的分布也开创了新的技法，有些石窟外部可能建有木结构的殿廊。

(3) 公元5世纪末开凿的云岗第9窟和第10窟，石窟的外部前室正面雕有两个大柱，如三开间房屋形式，接着6世纪前期开凿的麦积山石窟和略后的南北响堂山石窟与天龙山石窟等，虽有个别石窟在洞门雕刻门罩，或在石壁上浮雕柱廊形式，但是若干石窟在洞的前部开凿具有列柱的前廊，使整个石窟的外貌呈现木构殿廊的形式。同时窟内使用覆斗形天花，壁面上的雕像不十分丛密，并且多数在雕像外加各种形式的龛，这是这类石窟的主要特点。

从上述这些演变中，可以清楚地看到石窟这一外来宗教建筑的中国化过程。

天龙山第16窟完成于公元560年，是这个时期的最后阶段的作品。它的前廊面阔三间。八角形列柱在雕刻莲瓣的柱础上，柱子比例瘦长，并且有显著的收分，柱上的栌斗、阑额和额上的斗拱的比例与卷杀都做得十分准确。廊子的高度和宽度，以及廊子和后面的窟门的比例都恰到好处。这时期石窟的形象已达到了相当完善的程度。

陵墓

现存南朝陵墓大都无墓阙，而在神道两侧置附翼石兽；其中皇帝的陵用麒麟，贵族的墓葬用辟邪，扬首张口，雄猛而生动。石兽之后，左右有墓表及碑。其中萧景墓表的形制简洁秀美，雕饰虽多而无烦琐的弊病，是汉代以来所见墓表中最精美的一个。

河南邓州曾发现一座彩色画像砖墓。这个墓的券门上堂有壁画。壁画之外砌了一层砖，中间灌以粗沙土，以保护壁画。当考古工作者揭开这层砖时，距今1 300年前的壁画依然色彩鲜艳如新。墓甬道和墓室两部分中的墓壁左右各有12个砖柱，柱上砌有画像贴面砖。砖面纹样有34种不同的题材，包括历史故事、生活和音乐、舞蹈各个方面。构图紧凑，线条流畅有力，用7种颜色有重点地涂饰。从这座墓里可以看到这时期墓室内部色彩处理的手法和效果。

建筑的材料、技术和艺术

两晋、南北朝时期，建筑材料的发展主要体现在砖瓦产量的增加和质量的提高与金属材料的运用等方面。其中金属材料主要用作装饰，如塔刹上的铁链、金盘、檐角和链上的金铎、门上的金钉等。

在技术方面，大量木塔的建造显示了木结构技术所达到的水平。这时斗拱的结构性能得到进一步发挥，已经用两跳的华拱承托出檐。

砖结构在汉朝多用于地下墓室，到北魏时期已大规模地运用到地面上的建筑了。

石工的技术，到南北朝时期，无论在大规模的石窟开凿或在精雕细琢的手法上，都达到很高的水平。云冈全部主要洞窟都在约 35 年的短期内所凿造；北齐晚期开凿天龙山大像窟时，曾日夜施工。麦积山、南北响堂山和天龙山的石窟外廊上，石工们不但以极其准确而细致的手法雕造了模仿木结构的建筑形式，而且体现了当时木结构的艺术风格。这种丰富经验的积累，给公元 7 世纪初隋唐的安济桥那样伟大的桥梁工程打下了技术基础。

这时期，在宫殿、寺庙和大型住宅的组合中，回廊盛行一时，成为一个重要的特点。至于木结构形成的风格，大致来说，建筑在两汉的传统上更为多样化，不但创造了若干新构件，而且它们的形象也朝着柔和精丽的方向发展。

一般屋脊用瓦叠砌，而鸱尾的使用，使正脊的形象进一步强调起来。公元 5 世纪中叶，北魏平城宫殿虽开始用琉璃瓦，到公元 6 世纪中期，北齐宫殿仍只有少数黄、绿琉璃瓦。其正殿则在青瓦上涂核桃油，光彩夺目，瓦当纹样以莲瓣为多。

北朝石窟为后世留下了极其丰富的建筑装饰花纹。除秦汉以来传统的纹样外，火焰、莲花、卷草、瓔珞、飞天、狮子、金翅鸟等纹样，不仅用于建筑方面，后代还用于工艺美术方面，而莲花纹、卷草纹和火焰纹的应用最为广泛。

概括地来说，现存北朝建筑和装饰的风格，最初是茁壮、粗犷、微带稚气，到北魏末年以后，呈现出雄浑而带秀丽、刚劲而带柔和的倾向。在公元 6 世纪南朝建筑已具有秀丽、柔和的特征。总之，这是中国建筑风格生气蓬勃的一个发展阶段。

一、建筑细部及柱、墓表

歇山顶

歇山顶，即歇山式屋顶，宋朝称九脊殿、曹殿或厦两头造，清朝改今称，又名九脊顶。为中国古代建筑屋顶样式之一，在规格上仅次于庑殿顶。歇山顶分单檐和重檐两种，所谓重檐，就是在基本歇山顶的下方，再加上一层屋檐，和庑殿顶第二檐大致相同。歇山顶共有九条屋脊，即一条正脊、四条垂脊和四条戗脊，因此又称九脊顶。若加上山面的两条博脊，则共有十一条脊。

庑殿顶

庑殿顶，即庑殿式屋顶，宋朝称"庑殿"或"四阿顶"，清朝称"庑殿"或"五脊殿"。在中国是各屋顶样式中等级最高的，高于歇山式。明清时只有皇家和孔子殿堂才可以使用。庑殿顶是"四出水"的五脊四坡式，由一条正脊和四条垂脊（一说戗脊）共五脊组成，因此又称五脊殿。由于屋顶有四面斜坡，故又称四阿顶。庑殿顶又分为单檐和重檐两种，所谓重檐，就是在上述屋顶之下，四角各加一条短檐，形成第二檐。

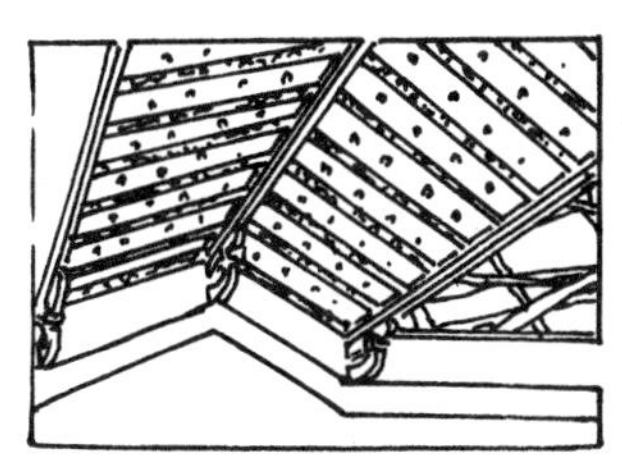

人字坡天花

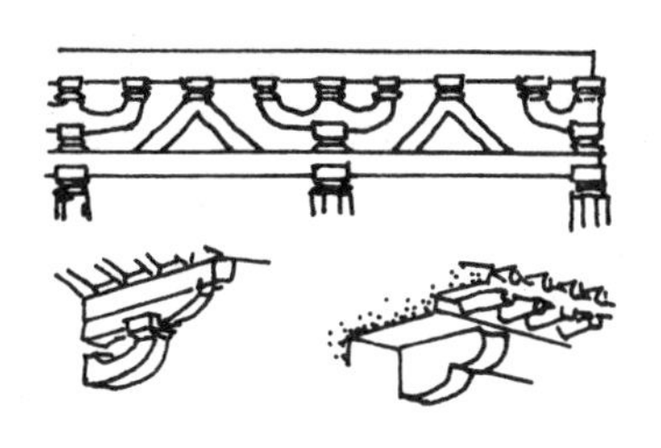

一斗三升人字拱

屋角起翘

屋角起翘

直棂窗

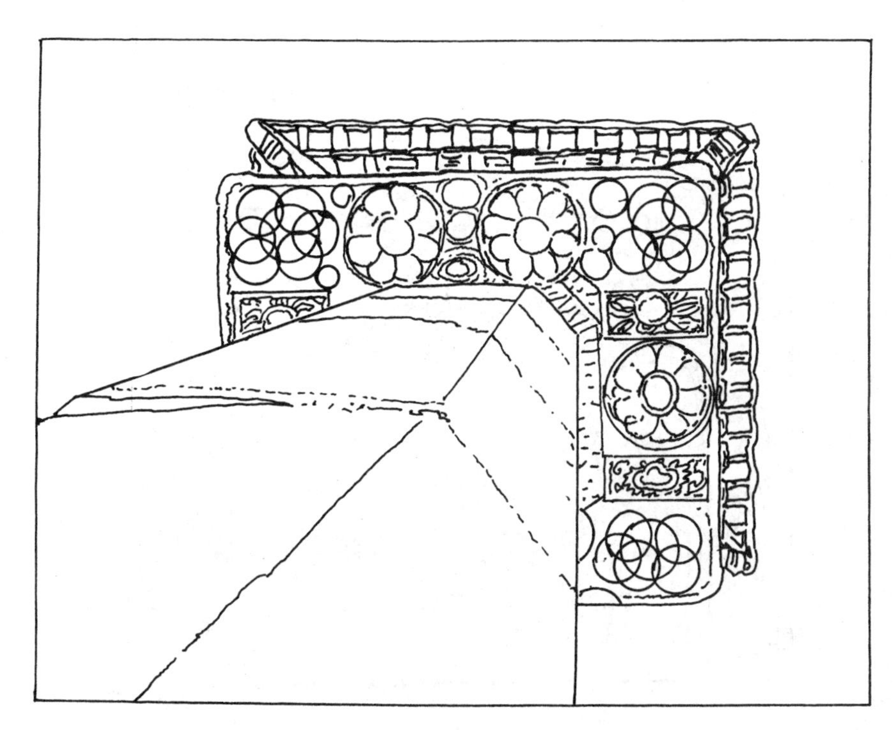

河北定兴石柱盖

河北定兴石柱题额及石屋（北齐）

山西太原天龙山第三窟天花及飞天雕刻（北齐）

山西龙山童子寺燃灯塔（北齐）

河北定兴石柱村石柱（北齐）

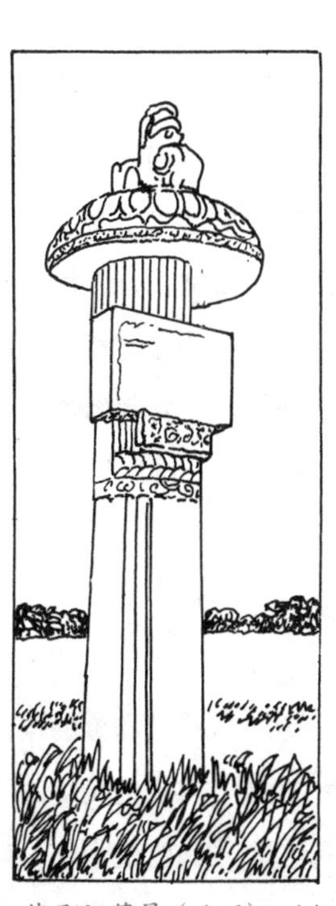

江苏丹阳萧景（公元6世纪）

两晋、南北朝时期建筑

二、古塔

楼阁式塔

楼阁式塔是在中国古塔中历史最悠久、体形最高大、保存数量最多，汉民族所特有的佛塔建筑样式。这种塔的每层间距比较大，一眼望去就像一座高层的楼阁。形体比较高大的塔，塔内一般都设有砖石或木制的楼梯，可供人们拾级攀登、眺览远方，而塔身的层数与塔内的楼层往往一致。有的塔外还有意制作出仿木结构的门窗与柱子。

密檐式塔

密檐式塔在中国古塔中的数量和地位仅次于楼阁式塔，形体一般也比较高大。它是由楼阁式的木塔向砖石结构发展时而演变出来的。这种塔的第一层很高大，而第一层以上各层之间的距离则特别短，各层的塔檐紧密重叠。塔身的内部一般是空筒式的，不能登临眺览。但有的密檐式塔在制作时就是实心的。密檐式塔即使在塔内设有楼梯可以攀登，但内部实际的楼层数也远远少于外表所表现出的塔檐层数。富丽的仿木构建筑装饰大部分集中在塔身的第一层。

亭阁式塔

亭阁式塔是印度的覆钵式塔与中国古代传统的亭阁建筑相结合的一种古塔形式，也具有悠久的历史。塔身的外表就像一座亭子，单层，有的在顶上还加建一个小阁。在塔身的内部一般设立佛龛，安置佛像。由于这种塔结构简单、费用不大、易于修造，曾经被许多高僧采用，作为墓塔。

花塔

花塔有单层的，也有多层的。它的主要特征是在塔身的上半部装饰繁复的花饰，看上去就好像一个巨大的花束，可能是从装饰亭阁式塔的顶部和楼阁式、密檐式塔的塔身发展而来的，用来表现佛教中的莲花藏世界。它的数量不多，造型独具一格。

覆钵式塔

覆钵式塔是印度古老的传统佛塔形制，在中国很早就开始建造了，主要流行于元代以后。它的塔身部分是一个平面圆形的覆钵体，上面安置着高大的塔刹，下面有须弥座承托着。这种塔由于在藏传佛教中使用较多，所以又被人们称作“喇嘛塔”。又因为它的形状很像一个瓶子，还被人们俗称为“宝瓶式塔”。

金刚宝座式塔

这种名称是针对它的自身组合情况而言的，具体形制是多样的。它的基本特征是下面有一个高大的基座，座上建有五塔，位于中间的一塔比较高大，而位于四角的四塔相对比较矮小。基座上五塔的形制并没有规定，有的是密檐式的，有的是覆钵式的。这种塔是供奉佛教中密教金刚界五部主佛舍利的宝塔，在中国流行于明朝以后。

过街塔和塔门

过街塔是修建在街道中或大路上的塔，下有门洞，可以容车马行人通过。塔门的下部修成门洞的形式，一般只容行人经过，不行车马。这两种塔都是在元朝开始出现的。门洞上所建的塔一般都是覆钵式的，有的是一塔，有的是三塔并列式或五塔并列式。门洞上的塔是佛祖的象征，凡是从塔下门洞经过的人，就算是向佛进行了一次顶礼膜拜。这就是建造过街塔和塔门的意义。

神通寺四门塔

神通寺四门塔位于山东历城柳埠村青龙山麓神通寺遗址东侧，初建于前秦（公元351年前后）。现塔内中央石柱四面有东魏武定二年（公元544年）的佛像四躯，塔当建于此前。塔的顶部为五层石砌叠涩出檐，上收成截头方锥形。

神通寺四门塔（南北朝）

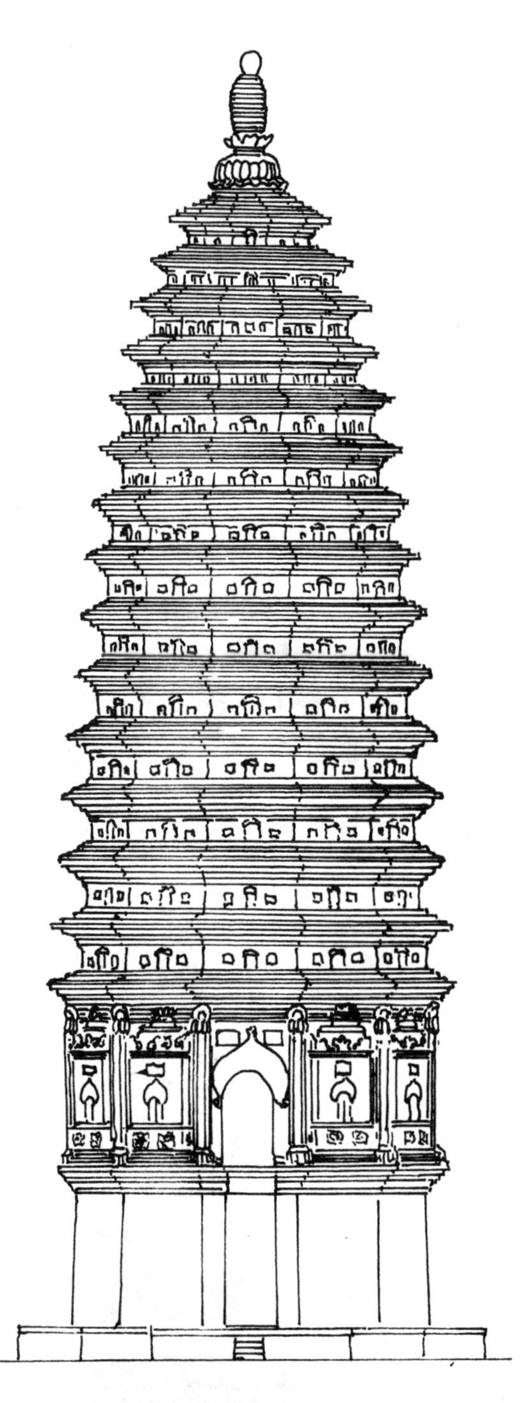

河南登封嵩岳寺塔（北魏）

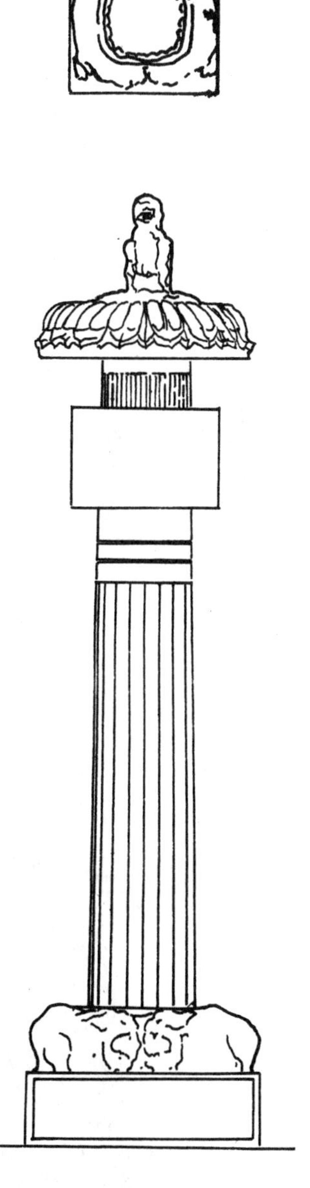

石幢（南朝梁）

河南登封嵩岳寺塔

嵩岳寺塔建于北魏正光四年（公元523年），是我国现存最早的密檐式砖塔。该塔高约39.5米，共15层，用优质小砖和添加胶粘剂的黄土垒砌而成。全塔由基座、塔身、密檐和塔刹四部分构成。平面为十二边形，外观由于层层向内收进的叠涩塔檐，形成了抛物线状的轮廓，轻快秀丽中不乏庄重、雄伟。

山西大同云冈石窟佛塔（南北朝）

山西大同云冈石窟佛塔（南北朝）

山西大同云冈石窟佛塔（南北朝）

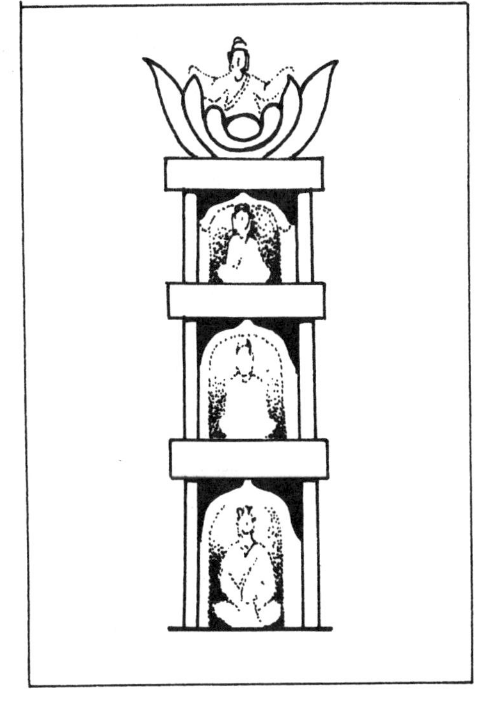

山西大同云冈石窟佛塔（北魏）

佛塔（南北朝）

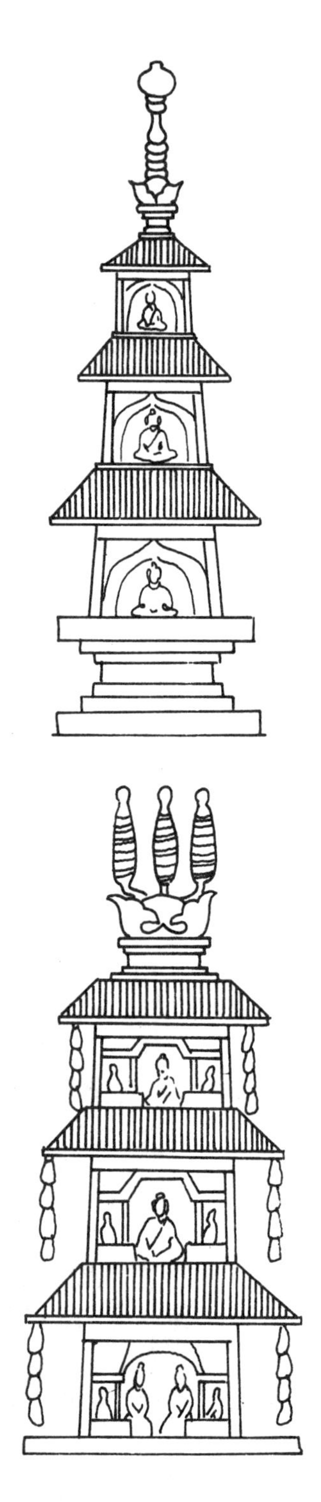

山西大同云冈石窟佛塔（南北朝）

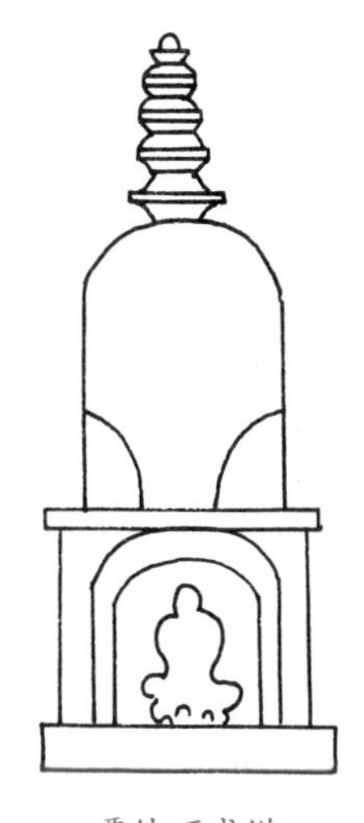
覆钵顶式塔
（山西大同云冈石窟石塔）

单檐亭式四门塔（山东历城）

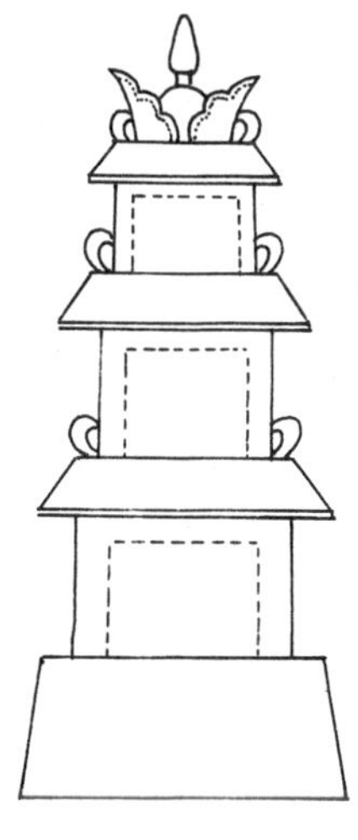
山西大同云冈石窟佛塔

多层叠涩檐塔
（河南洛阳龙门石窟石雕）

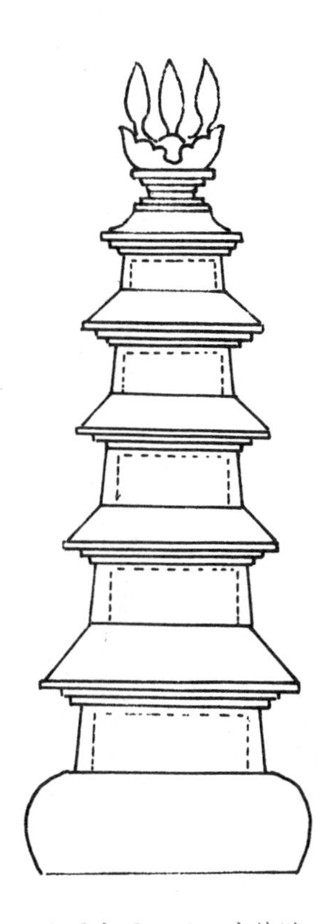
山西大同云冈石窟佛塔

山西大同云冈石窟佛塔

佛塔（南北朝）

山西大同云冈石窟塔（北魏）

水南塔（公元 1119—1125 年）

山西大同云冈石窟中部第一洞浮雕五层塔（北魏）

三、石窟、石雕、龛、楣、藻井纹样

甘肃天水麦积山石窟全景（南北朝）

山西大同云冈石窟塔心柱上层（南北朝）

山西太原天龙山石窟（南北朝）

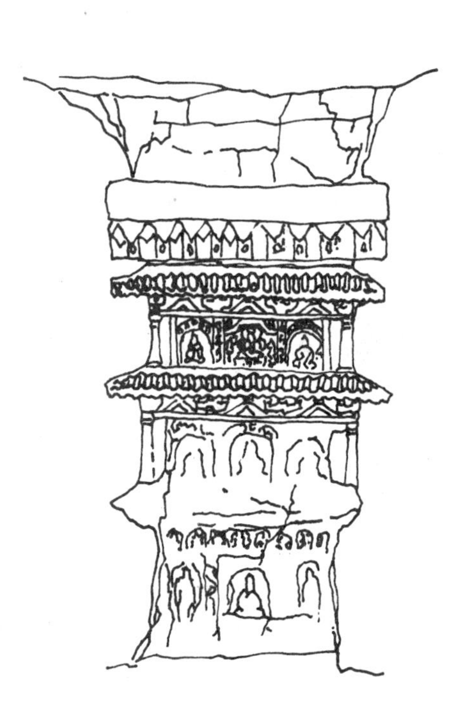

山西大同云冈石窟塔心柱（南北朝）

山西大同云冈石窟塔心柱（南北朝）

甘肃天水麦积山石窟
第 30 窟剖面图

甘肃天水麦积山石窟
第 4 窟剖面图

甘肃天水麦积山石窟第 30 窟立面图

甘肃天水麦积山石窟第 4 窟形状想象图

山西大同石窟寺中部第 5 洞内门

河南郑州巩义市石窟飞天坐姿（北魏）

河南郑州巩义市石窟飞天飞翔（北魏）

河南郑州巩义市石窟龛楣飞天（北魏）

河南洛阳龙门石窟古阳洞飞天（北魏）

甘肃天水麦积山石窟第132窟造像碑雕刻（北魏）

河南三门峡渑池石窟佛故事浮雕（北魏或东魏）

山西大同云冈石窟龛楣边饰图案

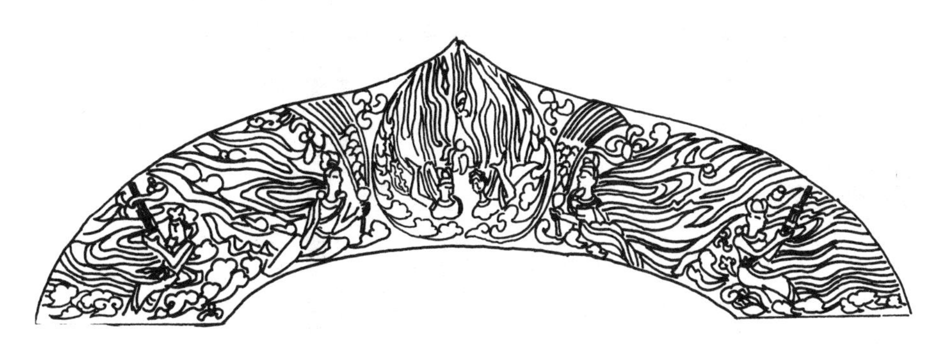

河南洛阳龙门石窟古阳洞龛楣飞天（北魏）

河南洛阳龙门石窟莲花洞石雕纹样（北魏）

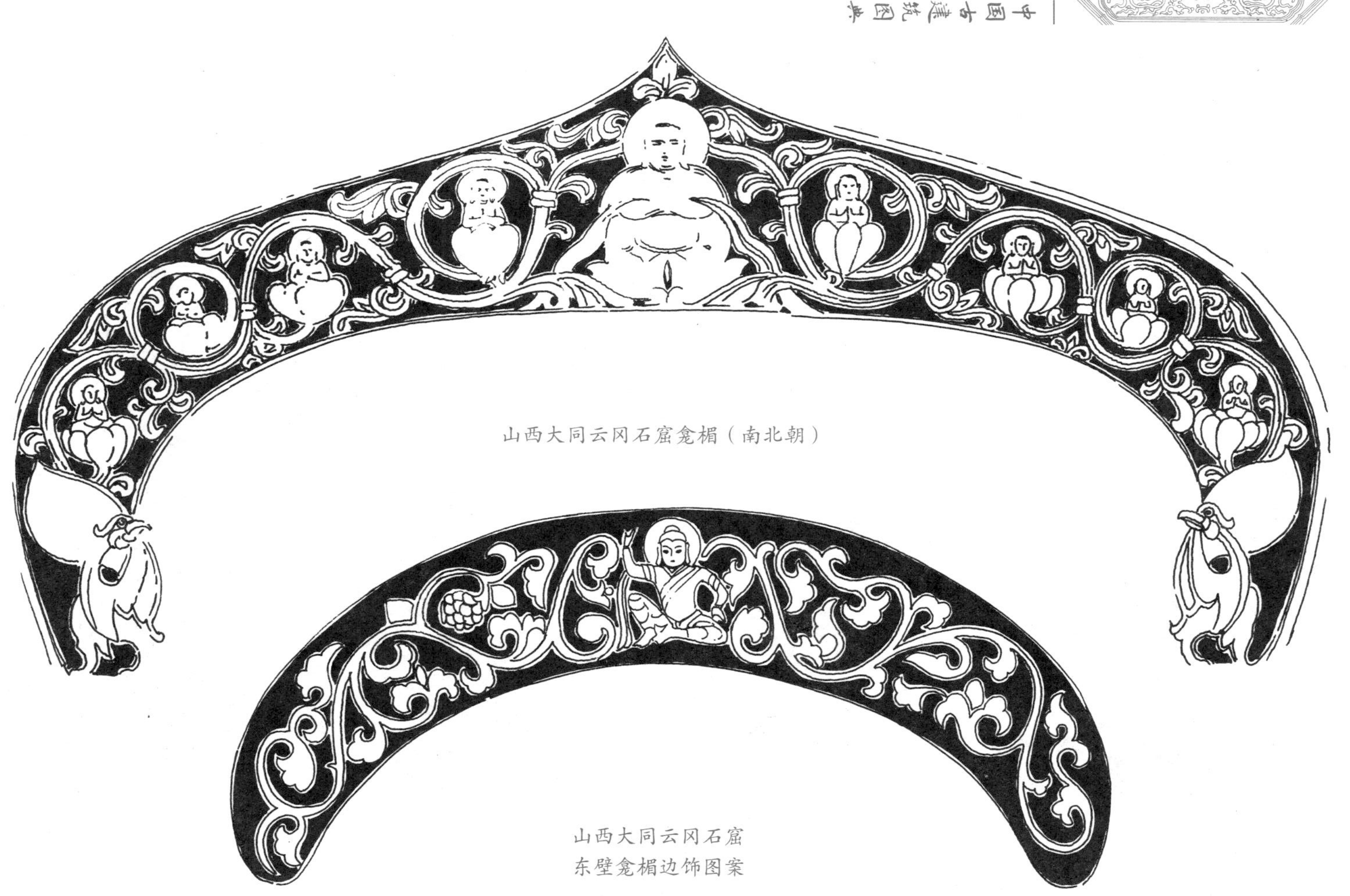

山西大同云冈石窟龛楣（南北朝）

山西大同云冈石窟
东壁龛楣边饰图案

山西大同云冈石窟藻井图案（北魏）

山西大同云冈石窟藻井图案（北魏）

山西大同云冈石窟（北魏）

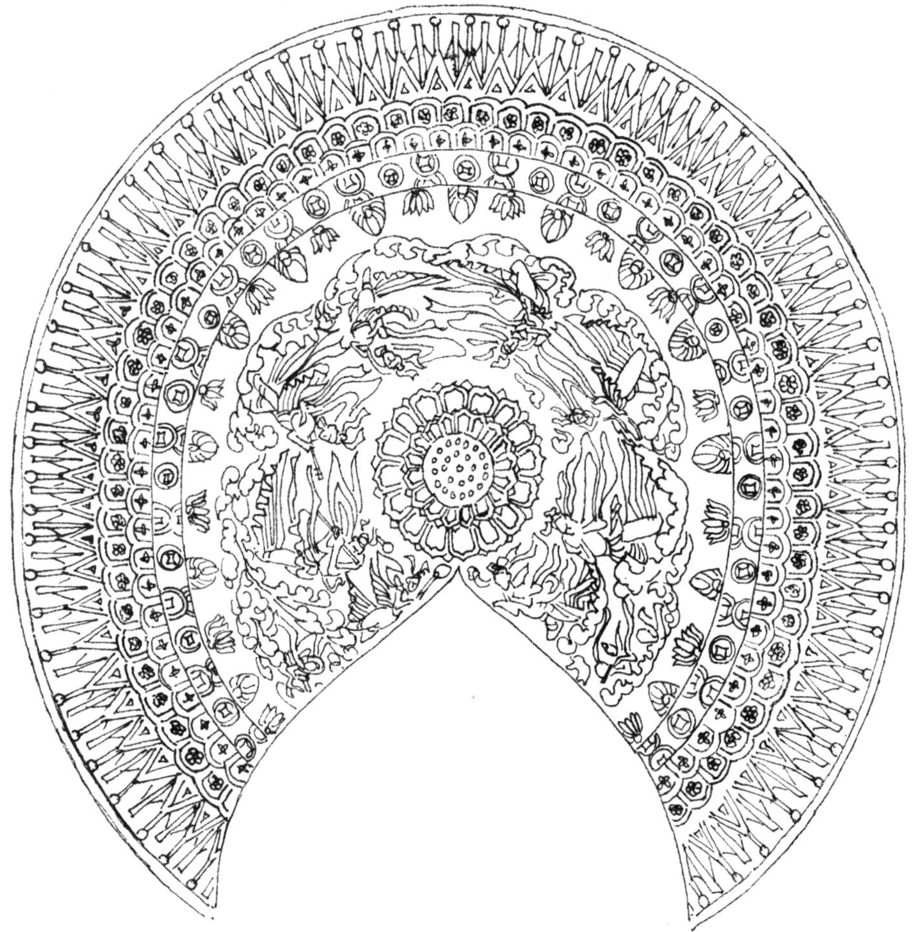

河南洛阳龙门石窟宝阳洞龛藻井图案（北魏）

河南洛阳龙门石窟龛脸谱细部（北魏）

山西大同云冈石窟屋形龛（北魏）

山西大同云冈石窟第19窟明窗棂形龛（北魏）

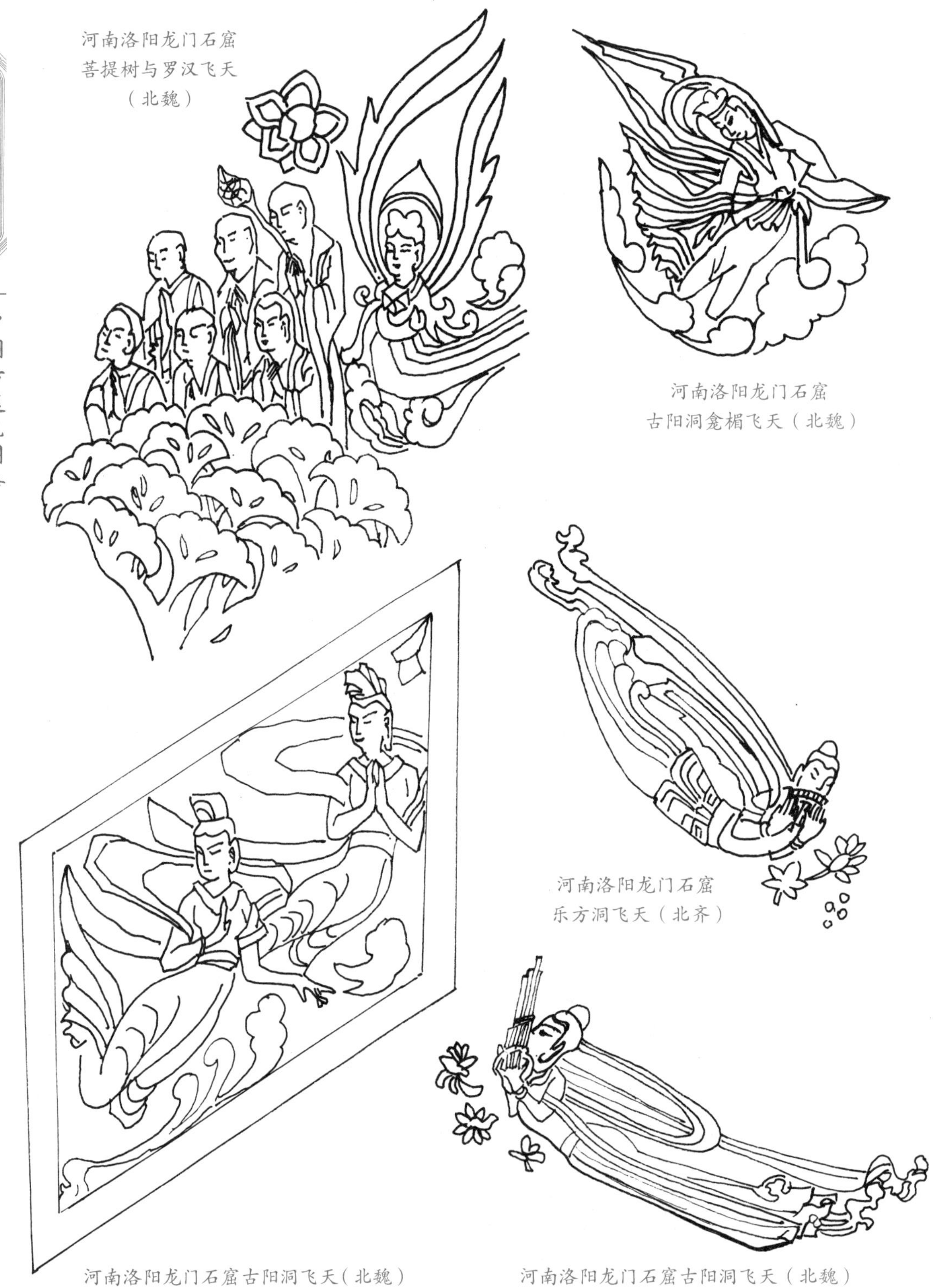

河南洛阳龙门石窟
菩提树与罗汉飞天
（北魏）

河南洛阳龙门石窟
古阳洞龛楣飞天（北魏）

河南洛阳龙门石窟
乐方洞飞天（北齐）

河南洛阳龙门石窟古阳洞飞天（北魏）

河南洛阳龙门石窟古阳洞飞天（北魏）

河南洛阳龙门石窟
飞天四式

河南洛阳龙门石窟佛背光浮雕（北魏）

山西大同云冈石窟东莲忍冬龛柱纹
（南北朝）

山西大同云冈石窟柱头
（南北朝）

河南洛阳龙门石窟宝阳洞背光（北魏）

甘肃天水麦积山飞天造像碑（南北朝）

山西大同云冈石窟飞天

山西大同云冈石窟石狮

山西大同云冈石窟金翅鸟

鸟纹

璎珞纹

璎珞纹

莲瓣纹

绳络纹

莲瓣纹

卷草纹

卷草纹

卷草纹

双狮

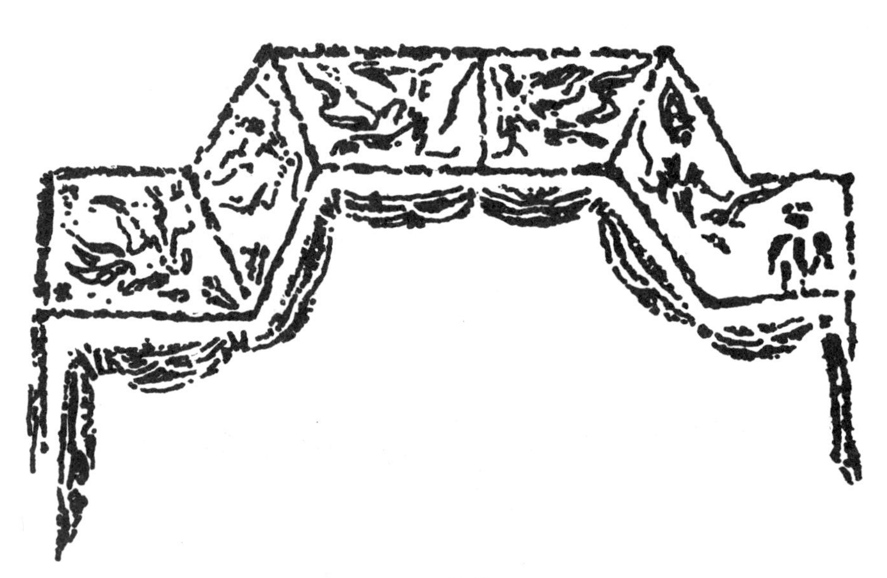

飞天

龛楣

河南洛阳龙门石窟古阳洞火焰纹

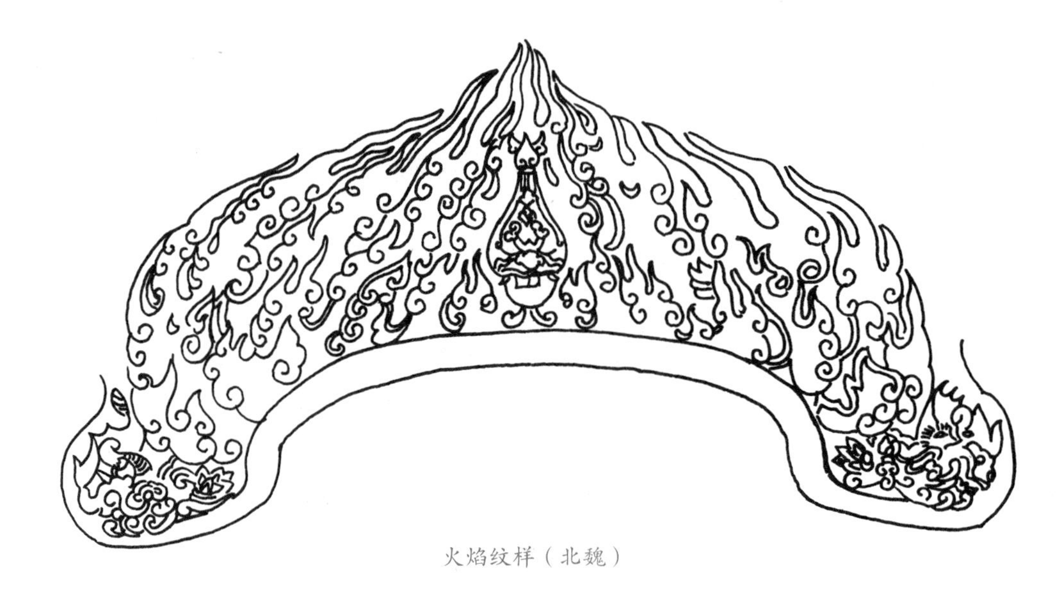

火焰纹样（北魏）

河南洛阳龙门石窟护法狮子四式（北魏）

甘肃敦煌莫高窟第 285 窟龛楣边饰图案（西魏）

甘肃敦煌莫高窟第 431 窟边饰图案(北魏)

屋形龛“革柱”(北魏)

山西大同云冈石窟柱头（北魏）

山西大同云冈石窟柱头（北魏）

佛龛“草柱”（北魏）

山西大同云冈石窟边饰图案（北魏）

甘肃敦煌莫高窟第 431 窟边饰图案（北魏）

山西大同云冈石窟司马金龙墓石棺床石雕柱础边饰（北魏）

石窟后室龛楣纹样

山西大同云冈石窟司马金龙墓石棺床石雕柱础边饰（北魏）

甘肃敦煌莫高窟第 272 窟边饰图案（北魏）

甘肃敦煌莫高窟第 254 窟边饰图案（北魏）

甘肃敦煌莫高窟人字披图案（北魏）

甘肃敦煌莫高窟边饰图案（北周）

甘肃敦煌莫高窟第257窟平棋图案（北魏）

甘肃敦煌莫高窟第285窟藻井图案（西魏）

边饰图案（北魏）

第 14 窟门框边饰

边饰图案

山西大同云冈石窟（北魏）

第 6 窟门框

第 10 窟门框

第 10 窟门框

边框图案（北魏）

第 5 窟明窗边框二式

第 6 窟华柱

山西大同云冈石窟边框图案（北魏）

甘肃敦煌莫高窟第 330 窟藻井图案

山西大同云冈石窟司马金龙墓石棺床浮雕边楣
（北魏）

藻井图案二式

山西大同云冈石窟司马金龙墓石棺床浮雕边饰图案（北魏）

河南郑州巩义市石窟藻井图案（北魏）

河南洛阳龙门石窟古阳洞飞天（北魏）

河南洛阳龙门石窟古阳洞龙饰图案（北魏）

山西大同云冈石窟莲花图案（北魏）

山西大同云冈石窟莲花图案（北魏）

山西大同云冈石窟莲花图案（北魏）

山西太原天龙山石窟（北齐）

江苏句容萧绩墓左辟邪（南朝·梁）

四、陶俑、石雕

陶双俑（北魏）

陶俑（北魏）

陶俑（北魏）

陶立俑（北魏）

陵墓石兽（南朝·梁）

陶驮驼　　陶鞍驼

陶马拉牛车（北齐）

第五章

隋、唐、五代时期的建筑

隋、唐、五代时期是中国古代建筑发展成熟的时期。这时期的建筑，在继承两汉以来的成就的基础上，吸收、融化外来建筑文化的影响，形成一个完整的建筑体系。

隋、唐的都城与宫殿

长安是隋、唐两代的首都，也是经济和文化的中心。它的规模宏大，规划整齐，是当时世界上最大的城市之一。公元582年，隋文帝命宇文恺在汉长安的东南营建新都，命名为大兴城。之后，唐朝又陆续进行建设，改称长安。

长安城是按照方整对称的原则进行建设的，沿着南北轴线，将宫城和皇城置于全城的主要地位，并以纵横相交的棋盘形道路，将其余部分划分为108个里坊，分区明确，街道整齐，充分体现了统治者的理想和要求。

宫城位于全城最北的中部。宫城以南是皇城。在皇城左右稍南建东西二市，其余里坊则是住宅、寺观和少数官署。唐朝建立不久，又在城外东北兴建大明宫与禁园。后来又在城东建兴庆宫，在城东南角风景区建芙蓉苑，并于城的东北部与东侧建夹道，使芙蓉苑与大明宫相连接。

皇城是隋、唐二朝的军政机构和宗庙的所在地，城里的主要建筑有太庙、太社、六省、九寺、一台、四监和十八卫等官署。

太极宫是皇帝听政和居住的宫室，而以宫城正门承天门为大朝，太极、两仪二殿为日朝和常朝，两侧又以大吉、百福等若干殿和门组成左右对称的布局。含元殿是大明宫的正殿，利用龙首山做殿基，左右两侧稍前处又建翔鸾、栖凤两阁，以曲尺形廊庑与含元殿相接。这个“门”形平面的巨大建筑群，表现了中国封建社会鼎盛时期雄浑的建筑风格。

隋唐二朝继承汉以来东西二京的制度，以洛阳为东都。隋唐洛阳城始建于公元 7 世纪初。该城位于汉魏洛阳城之西约 10 千米，北依邙山，南对龙门。洛阳的地位比长安更适中，在政治和经济上便于控制东南地区。运河开通后，江南物资北运，洛阳供给便捷，逐步繁荣起来。公元 9 世纪末，唐朝的首都曾一度从长安迁到洛阳。

洛阳城和长安城不同的是，将皇城和宫城置于北区西部，皇城南临洛水，中有三条纵贯南北的干道，建有省、府、寺、卫、社、庙阁、堂、院。宫城和皇城的东侧还建有若干官署。后来，唐朝又在宫城外西南一带建上阳宫和西苑。

应天门是宫城的正门，据发掘发现，在门左右突出巨大的双阙。阙与城门之间有南北向的城墙相接。后来，北宋东京的端门、明清北京的午门就是由这种形式演变而来的。

洛阳共有 103 个里坊，分布在北区的东部和整个南区，面积比长安城的里坊略小，街道也比长安的窄。由于里坊小街道窄，临街开门的住宅较多。这样就使城内各部分的关系显得比较紧凑。中唐以后到北宋，很多贵族官僚在南区营建住宅和园林。因此，洛阳既是陪都，又是以园林著称的城市。

住宅

隋、唐、五代的贵族宅第有些采

用乌头门形式。宅内两座主要房屋之间用具有棂窗的回廊连接为四合院。乡村住宅不用回廊，而以房屋围绕，构成狭长的四合院；此外，还有木篱茅屋组成的简单的三合院。这些住宅多数具有明显的中轴线和左右对称的平面布局，无疑这是当时住宅建筑中比较普遍的布局方法。

这时期的贵族官僚，不仅继承南北朝传统，即在住宅后部或宅旁掘池造山，建造假山池苑或较大的园林，还在风景优美的郊外营建别墅。

至于上层阶级欣赏奇石的风气，从南北朝到唐朝逐渐普遍起来。

寺、塔、石窟

佛教建筑是隋、唐、五代时期的建筑中一个重要的组成部分。这一时期国家和民间都以大量财力、物力、人力投入寺、塔、石窟的营造中，佛教建筑的数量很多，分布也很广。

隋、唐佛寺继承了两晋、南北朝以来的传统，平面布局同样是以殿堂、门廊等组成的庭院为单元的组群形式。

唐代佛寺在建筑和雕刻、塑像、绘画相结合方面有了很大的发展，各种壁画

更为盛行。壁塑则在北魏基础上有了进一步的发展。公元8世纪前期，有名的画家吴道子和壁塑家杨惠之，以及其他雕塑家对佛教艺术做了不少贡献。留存到今天的唐代佛教殿堂中较为完整的只有两处，即山西五台山的南禅寺正殿和佛光寺正殿，二者均有泥塑。

南禅寺正殿建于唐建中三年（公元782年），是山区中一座较小的佛殿。这座小殿平面广深各三间，单檐歇山顶。主要构架、斗拱和内部佛像基本上是原物。

五台山是唐朝华严宗的重要基地，而佛光寺是当时五台山“十大寺”之一。据文献记载，此寺在唐太和（公元827—835年）以前，有一座七间三层的弥勒阁，为全寺的主体，可作为唐代木构殿堂的范例。

佛光寺大殿在创造佛殿建筑艺术方面，表现了结构和艺术的统一，也表现了以简单的平面创造丰富的空间艺术方面的高度水平。这座建筑是中国古代建筑的优秀传统的代表，表现出了唐代建筑的稳健雄丽的风格。

南北朝时期，塔是佛寺组群中的主要建筑，但到了唐代，塔已经不位于组群的中心了。尽管如此，它还是佛寺的一个重要组成部分。

隋、唐两代许多木塔都不存在了。现存的砖塔，就外形方面来说，大致可分为楼阁式塔、密檐塔和单屋塔三个类型。塔的平面，除极少数的例外，全部都是正方形。

唐朝留下来的楼阁式砖塔中，唐总章二年（公元669年）建造的陕西西安兴教寺玄奘塔是个重要范例。此外，西安香积寺塔和建于公元8世纪初期的大雁塔也很有名。

凿造石窟寺的风气，经过南北朝到了隋唐，特别是在唐朝，达到了最高峰。凿造石窟的地区，由南北朝的华北范围扩展到四川盆地和新疆。凿造的规模和形式由容纳高达17米余大像的大窟到高仅30厘米乃至20厘米的小浮雕壁像。在这两极之间，有无数大小不等的窟室和佛龛。在巨大的窟室与细小的造像之间，建筑和雕刻的界限很难明确划分。这些窟室中的雕刻、绘画和彩画装饰是中国古代文化的珍贵遗产。山西太原天龙山的少数隋代石窟还有外廊，唐代石窟外部已无前廊，从外观来看，建筑的成分已经减少了。

此外，甘肃敦煌、河南龙门和河南浚县、四川乐山等处开凿的摩崖大像是唐以前所未有的。这些大像都覆以倚崖建造的多层楼阁，但唐朝原始建筑已不存在，现存的都是后代所建。

陵墓

唐朝帝王陵墓主要在于利用地形，因山为坟。在唐朝18处陵墓中，仅献陵、庄陵、端陵、靖陵位于平原，其余都是利用山丘建造的。

唐朝第三代皇帝高宗李治和皇后武则天合葬于陕西乾县的乾陵。这座陵利用梁山的天然地形营建陵墓。乾陵的地宫位于梁山北峰下。神道从南二峰之前开始，有东西二阙，为乾陵的第一道门。二阙之间是第二道门。自此沿神道向北有华表、飞马、朱雀各一对及石马五对、石人十对、碑一对。阙身皆附有二重子阙。门内左右排列当时臣服于唐朝的邦国君王石像六十座，石像的背部有国名和人名，再北是陵墙南门——朱雀门。

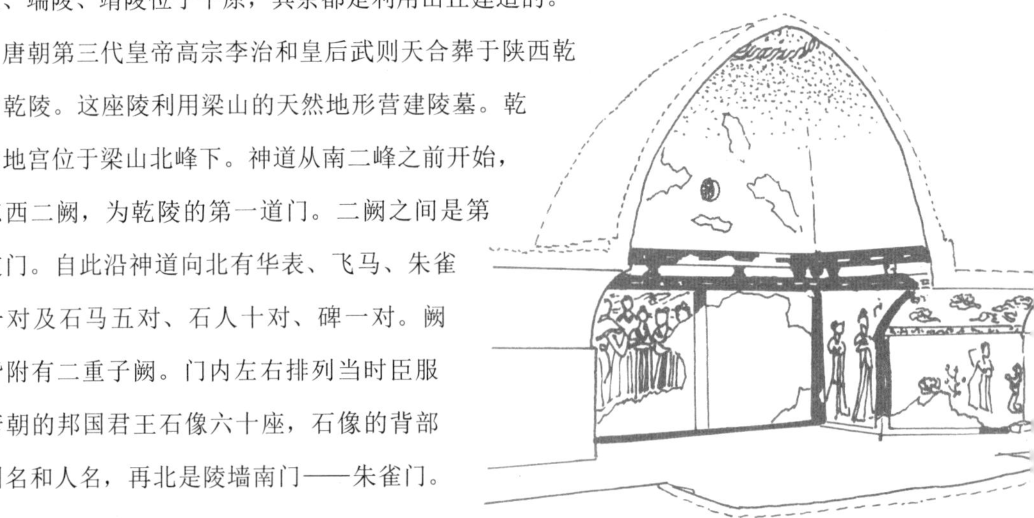

门外石狮、石人各一对。门内有祭祀用的主要建筑——献殿。献殿之北就是地宫。从第一道门到地宫墓约长 4 千米。

围绕地宫和主峰的陵墙接近方形，四面有门，门外都有石狮，陵墙的四角有角楼。北门在阙和石狮之外还有石马。

建筑材料、技术和艺术

这个时期的建筑材料，包括土、石、砖、瓦、石灰、木、竹、铜、铁、矿物颜料和油漆等。这些材料的应用技术都已达到熟练的程度。

夯土技术在前代经验基础上继续发展。在新疆发现的这个时期用土坯砌筑的半圆形穹隆顶直径为 10 米以上。

砖的应用逐步增加，如唐至五代，南方较大城市江夏、成都、苏州、福州等相继用砖甃城。砖墓和砖塔则更多。

塔、墓和其他建筑用石材的也很多。石刻艺术见于石窟、碑和石像方面的，达到过去从未有过的精美水平。

瓦有灰瓦、黑瓦和琉璃瓦三种，并有绿琉璃砖，表面雕刻莲花。唐朝重要建筑的屋顶常用叠瓦屋脊和鸱吻，还有用木做瓦、外涂油漆的，也有“镂铜为瓦”的。

木材的使用更为广泛。《隋史》记载的宇文恺造观风行殿，反映了当时木建筑技术所达到的水平。唐朝遗物的梁枋断面采取 1:2 的比例，符合材料力学的原理。

在使用材料方面，用铜或铁铸造的塔、幢、纪念柱和造像日益增多，这些体现了当时金属铸造技术的发展情况。

总的来说，唐朝的城市布局和建筑风格的特点是规模宏大，气魄雄浑，格调高雅，整齐而不呆板，华美而不纤巧。这表明，我国劳动人民所创造的建筑历史到这时期又有了新的发展。唐代的建筑艺术，在南北朝的基础上，使建筑与雕刻装饰进一步融合、提高，创造出了统一和谐的风格，取得了辉煌灿烂的成就。

一、宫殿、寺庙、庭院及建筑结构

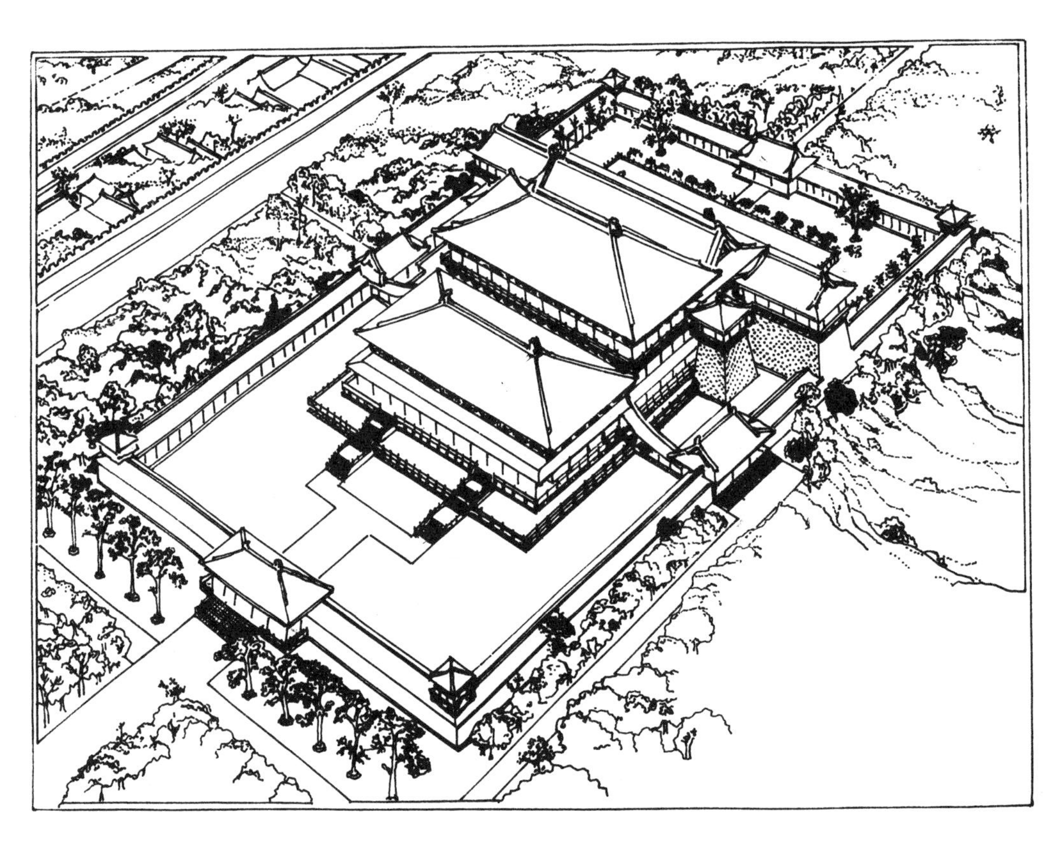

唐大明宫复原图

山西五台县佛光寺大殿（唐）

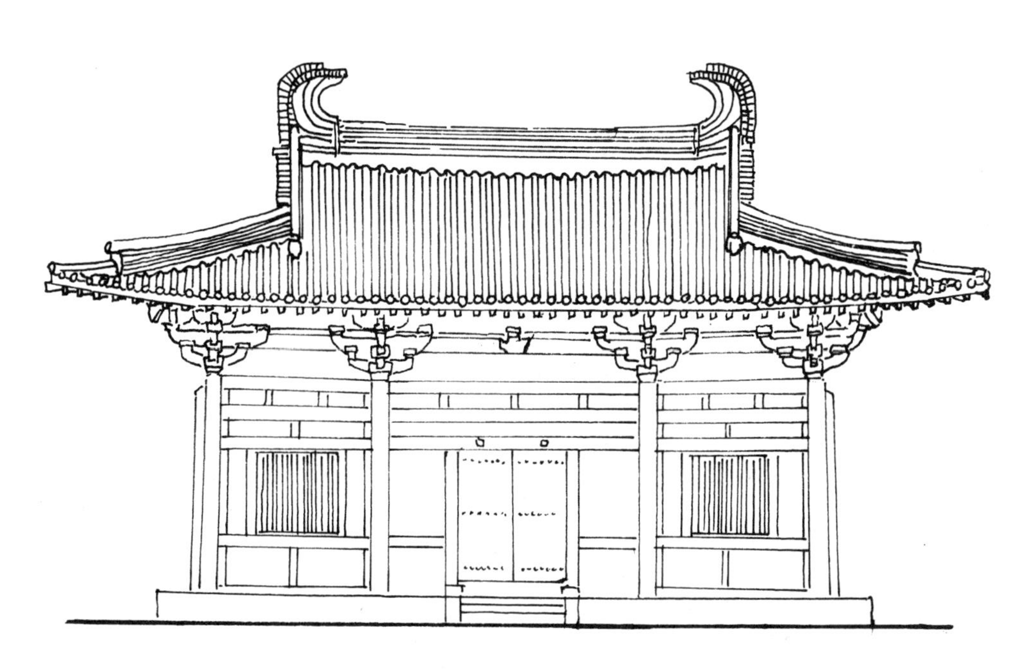

山西五台县佛光寺大殿（唐）

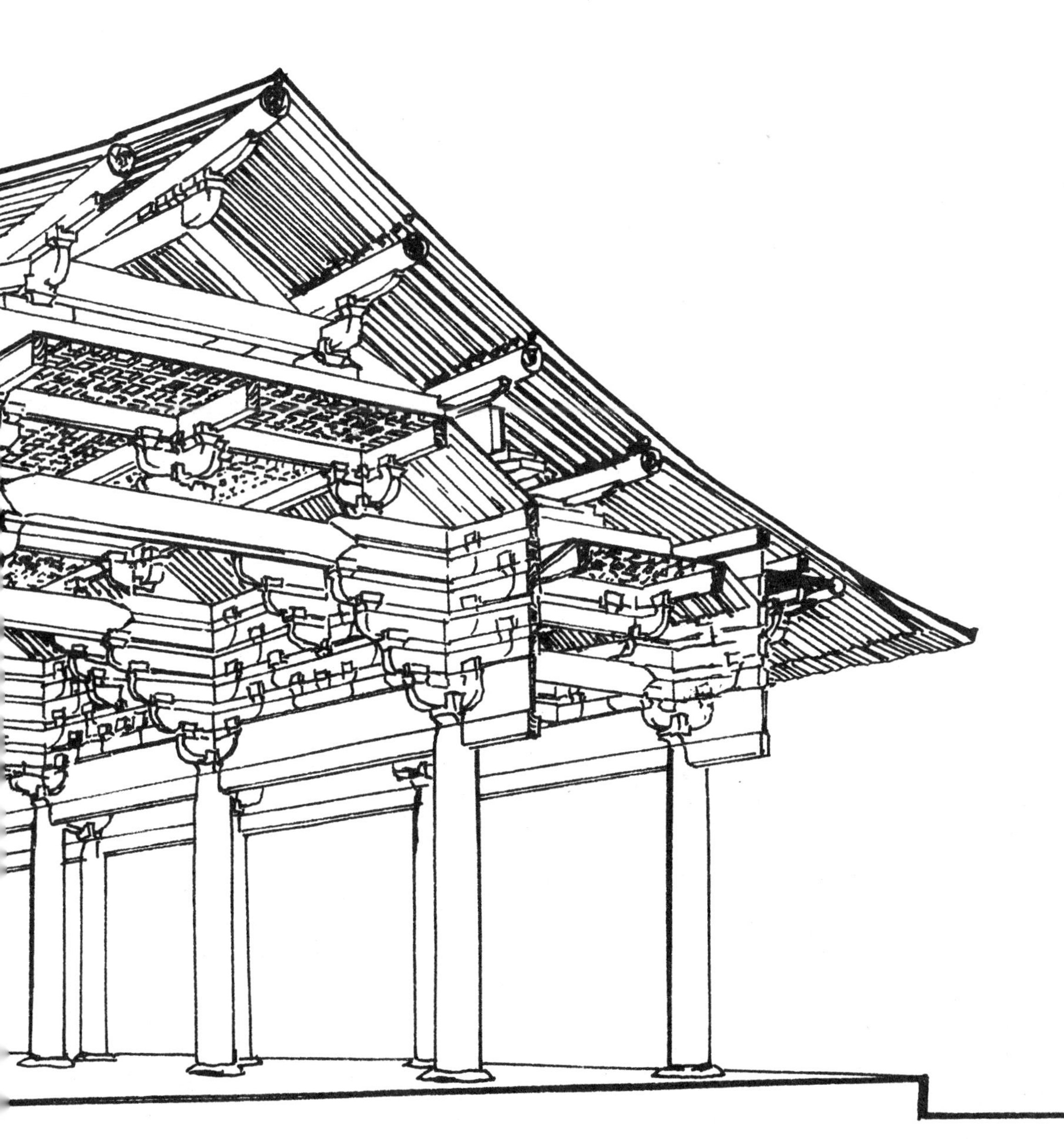

山西五台县佛光寺大殿梁架示意图（唐）

甘肃敦煌莫高窟壁画中的住宅（唐）

甘肃敦煌壁莫高窟画中的住宅（唐）

甘肃敦煌莫高窟第 148 窟佛寺（唐）

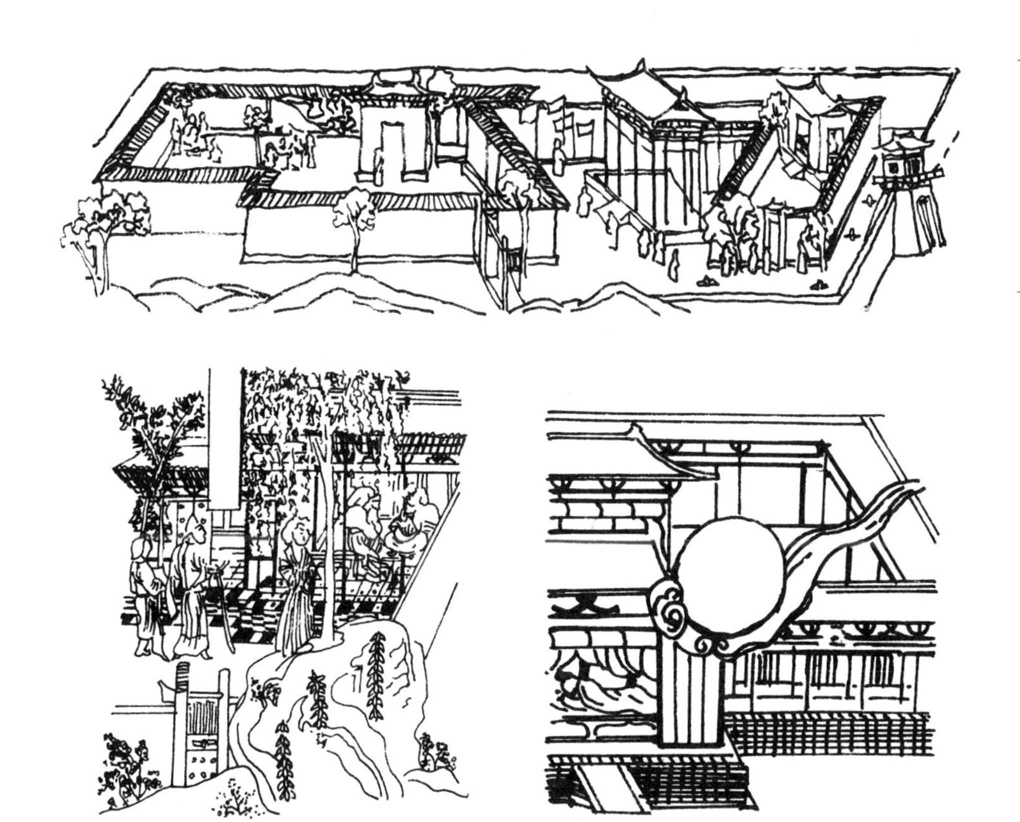

甘肃敦煌莫高窟壁画中的住宅（唐）

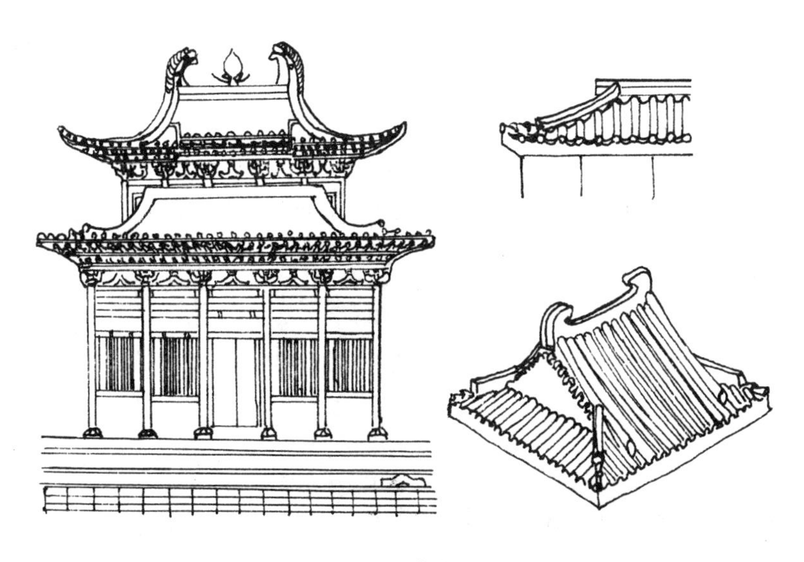

屋顶装饰

脊头瓦

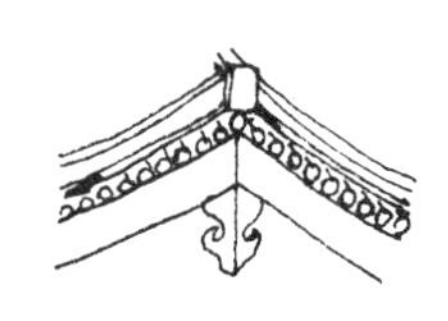

悬鱼

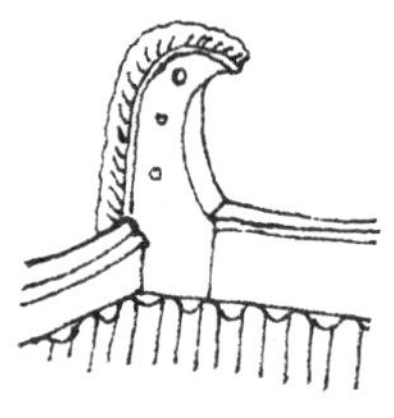

鸱尾

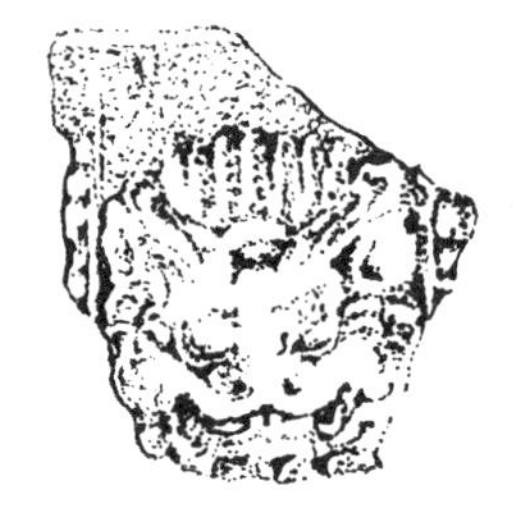

脊头瓦

板瓦屋脊及歇山顶

柱头及转角铺作双杪双下铺，
铺间作驼峰上出双杪

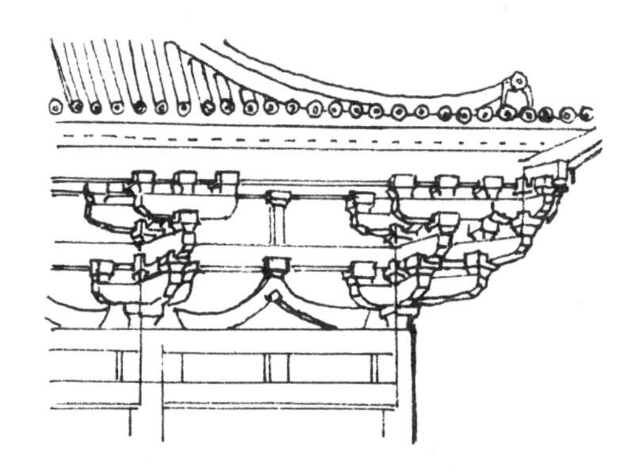

柱头铺作出双杪

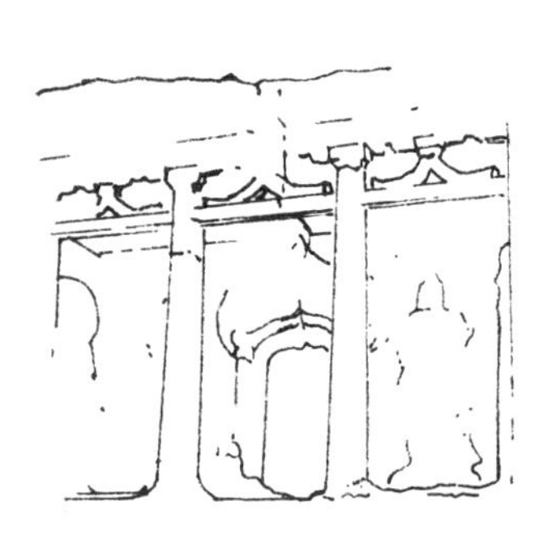

柱头铺作栌斗，
铺间铺体人字拱上承撩檐枋

平座铺作柱头出双杪月替木，
上层柱头铺作同无铺作

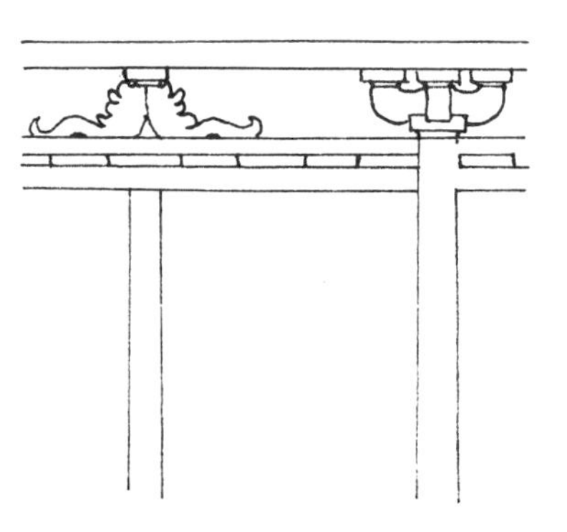

柱头铺作一拱三升

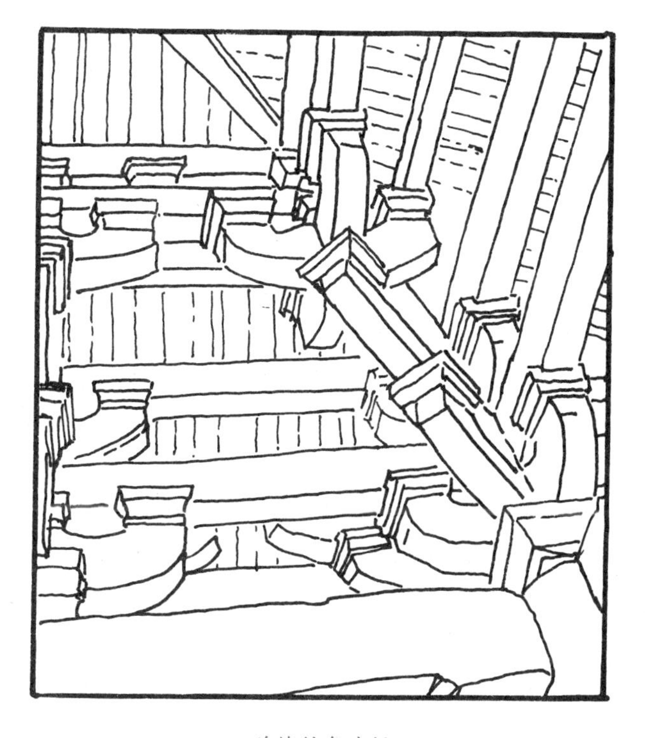

前檐转角斗拱

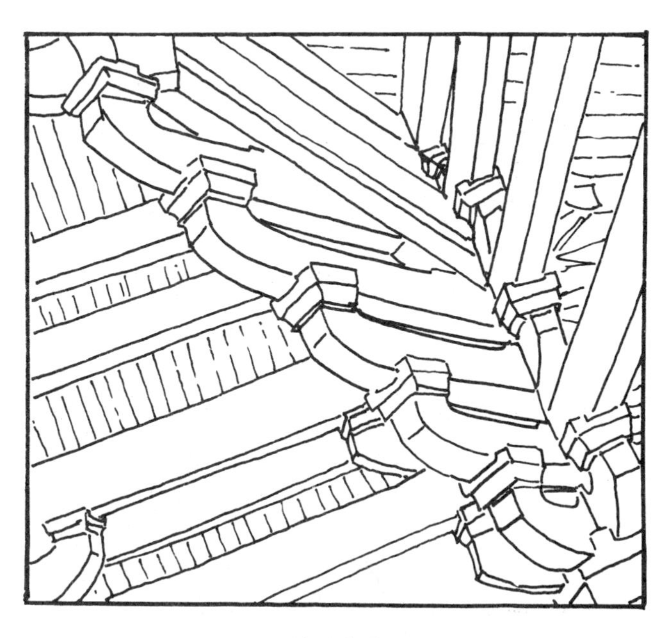

后檐转角斗拱

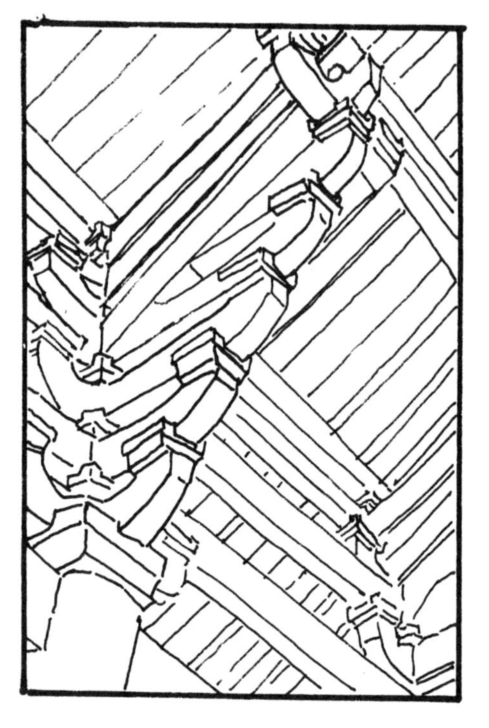

福建福州华林寺大殿西山柱头斗拱（五代）

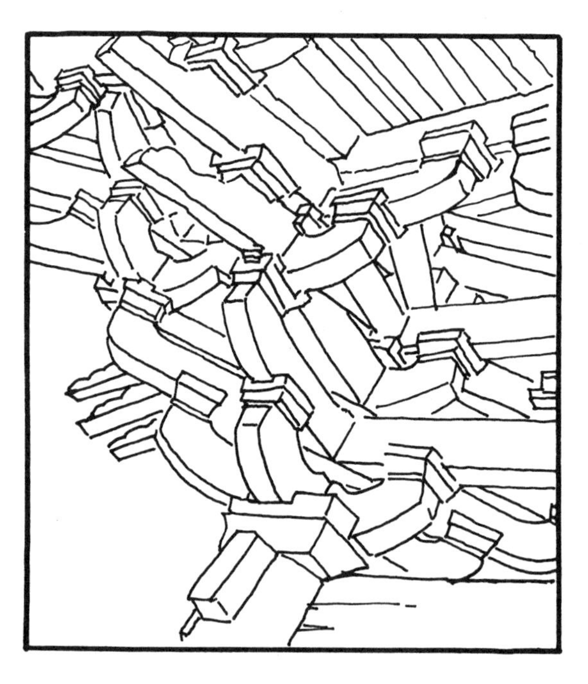

福建福州华林寺大殿转角斗拱（五代）

二、柱础、屋脊、基座

基座

基座又称台基，是中国古代建筑的三大部分（基座、屋体、屋顶）之一，具有承重、加固和保护房屋的作用，也是等级地位的象征。

基座在房屋的底部，是一个四面砌砖，里面填土，上面墁砖的长方形台子。基座分为平素座和须弥座两种，平素座多见于等级较低的建筑中；须弥座常用于宫殿、庙宇、牌楼等建筑中，有时也用于狮子座、落地罩和一些家具中。

基座四个转角处各有一方角柱石（埋头石），其高等于整个基座的高减去阶条石的高，其宽等于 1.5 柱径。基座面上四周铺满一圈阶条石，其宽 1.4 柱径，厚 0.5 柱径。土衬石是主要在地下的一个结构，但地面上也有一部分，土衬石高出地面 1 ～ 2 寸，外边比基座宽出 2 ～ 3 寸，称作“金边”。土衬石之上、阶条石之下为陡板石，也可以用砖代替。基座面上柱子的位置安放柱础（柱顶石），柱础高 1 柱径，长、宽各为 2 柱径，中间有一个突出的“古镜”，古镜高 0.2 柱径，直径为 1.2 柱径。

地面到台面设有踏跺（台阶），民居中的踏跺有两种形式：一种叫垂带式踏跺，其长等于明间面阔，两边各有一条垂带，垂带宽 1.4 柱径，厚 0.5 柱径；另一种叫如意式踏跺，如意式踏跺每上一级比下一级前、左、右都少一级踏跺的宽度。在一些重要的宫殿、庙宇的须弥座上有一至多座踏跺，往往分左、中、右三部分，中间部分为御路，上面雕有精美的图案。

楼阁平座

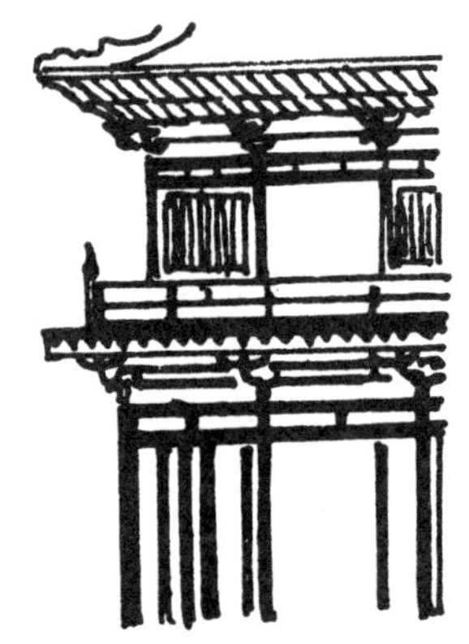

高台基座

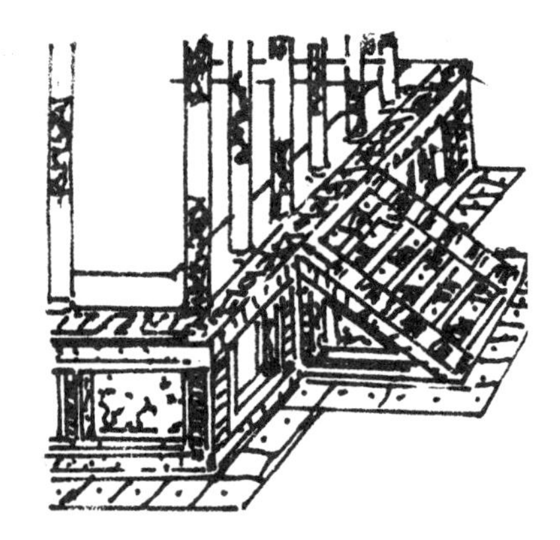

长砖台基

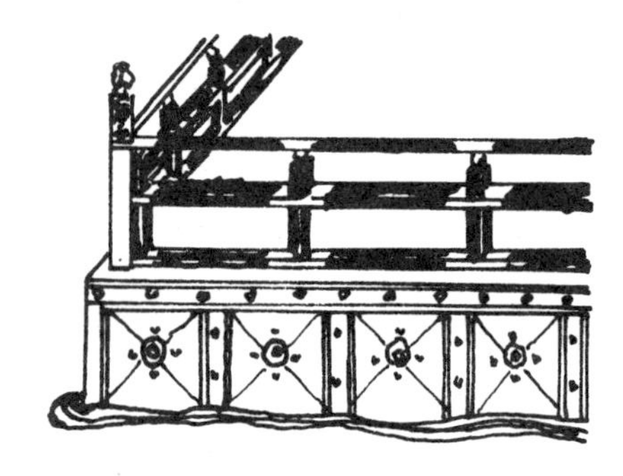

临水砖石台基

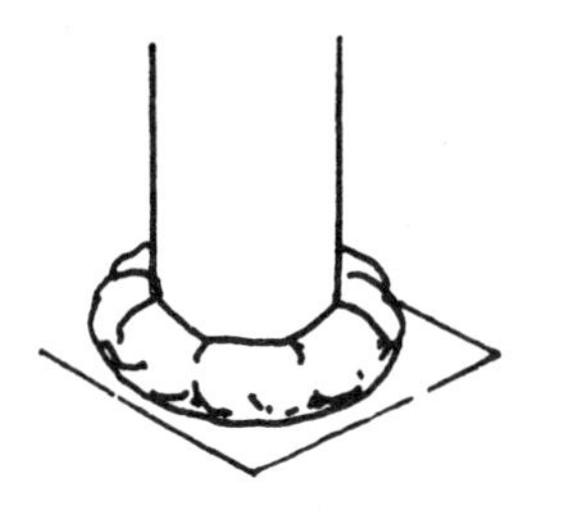

琉璃莲花柱础

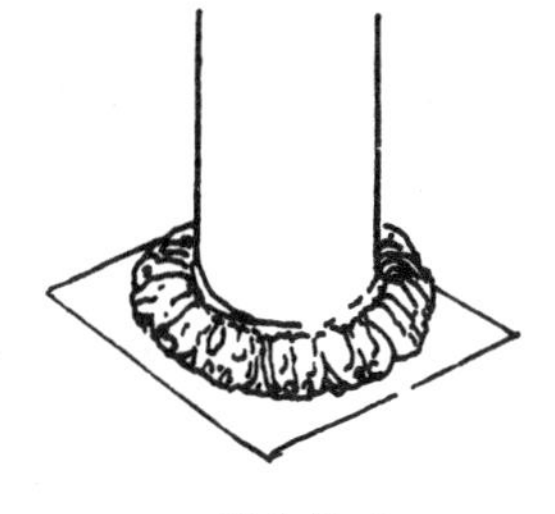

莲花柱础

覆盆柱础

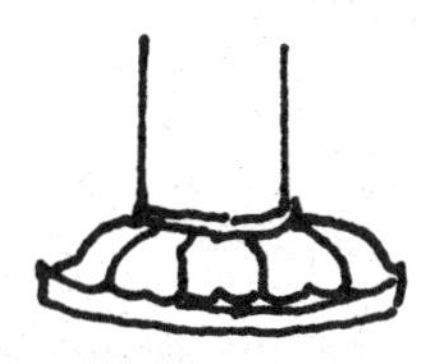

莲花柱础

石螭首

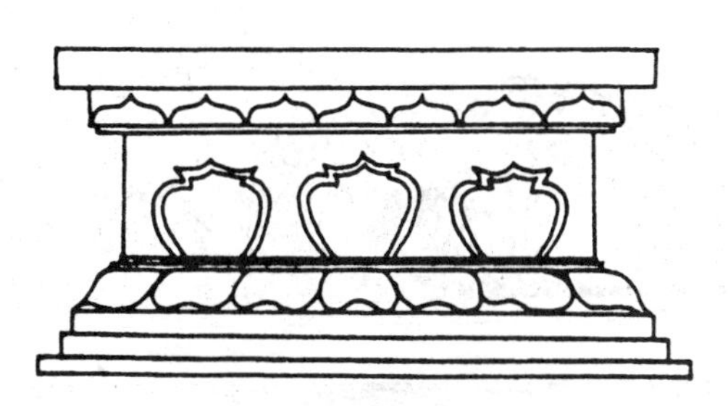

唐式壸门台基

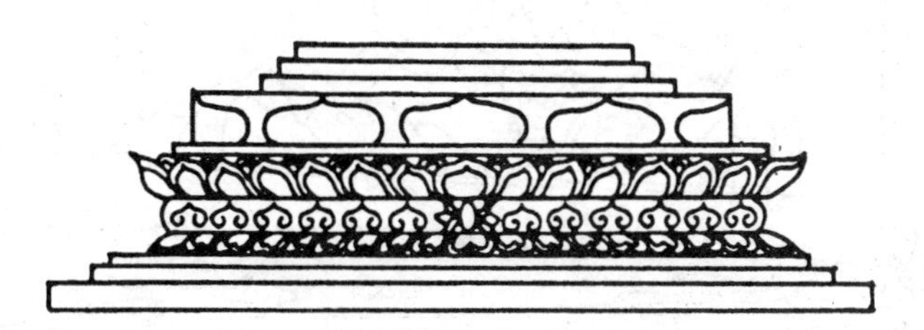

唐式莲瓣台基

三、栏杆、栏板、石雕及纹样

河北赵县安济桥东面全景（隋）

河北赵县安济桥西面新栏板（隋）

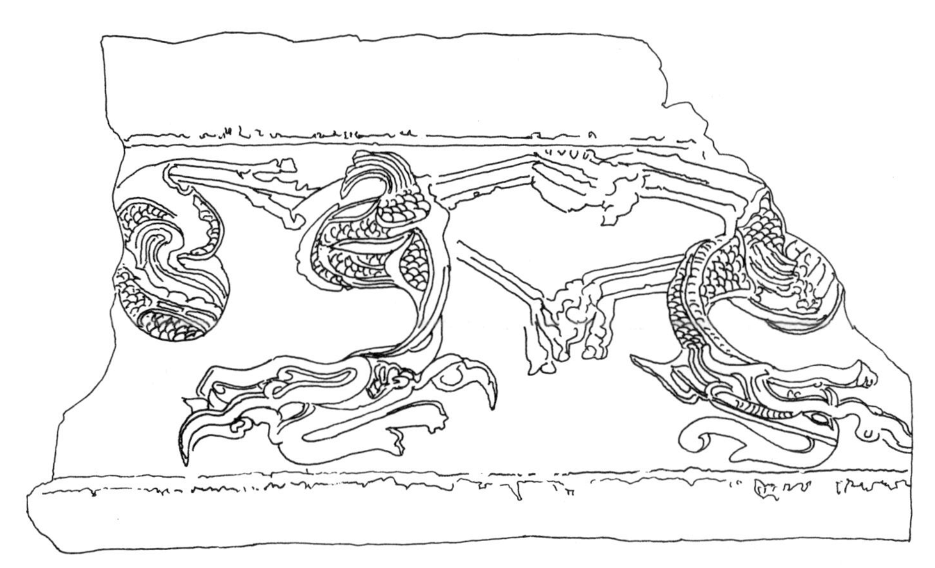

河北赵县安济桥栏板（隋）

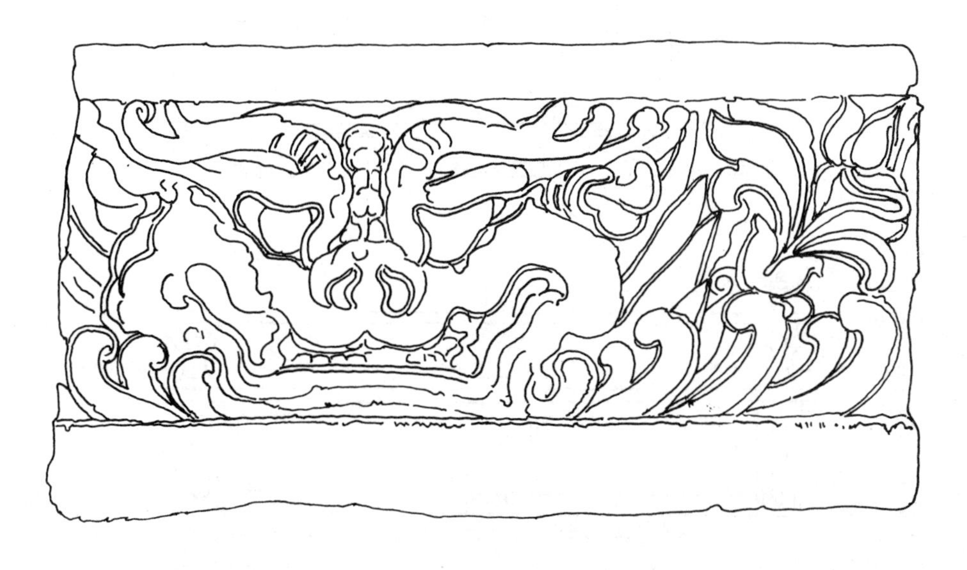

河北赵县安济桥栏板（隋）

唐式勾片纹栏板、石榴望柱栏杆

唐式云墩栏杆

唐式石榴望柱栏杆

唐式云拱寻杖栏杆

画像砖骆驼

石雕瓦当图案

石雕卷草纹

石雕狮子（唐）

石雕龙

四、古塔及塔浮雕

河南商丘圣寿寺塔（隋）

河南嵩山少林寺塔林（唐至清）

少林寺塔林

少林寺塔林位于河南省登封县少林寺西约250米，为历代僧人的墓地，有唐以来历代古塔230余座，是国内最大的塔林。塔林有单层单檐塔、单层密檐塔、印度窣堵波塔和各式喇嘛塔等；有正方形、长方形、六角形、八角形、圆形等，式样繁多，造型各异，是综合研究我国古代砖石建筑和雕刻艺术的宝库。

河南嵩山会善寺净藏禅师塔

会善寺在河南省登封县城西北6千米处，原为北魏孝文帝离宫，隋开皇间始称会善寺。为埋葬寺内高僧净藏禅师，唐天宝五载（公元746年）于寺西山坡下建墓塔。隋唐时期多建正方形塔，此塔则是中国现存最早的单层八角形塔。唐代建筑中，普遍出现八角形殿堂、亭轩，唐洛阳宫遗址中发现八角亭基，敦煌石窟的唐代壁画中也绘有八角亭建筑的图像，但八角形塔却颇为罕见。

河南嵩山会善寺净藏禅师塔

陕西西安慈恩寺大雁塔（唐）

亭式砖塔（隋唐）

单层木塔（隋唐）

河北易县木构砖塔（五代）

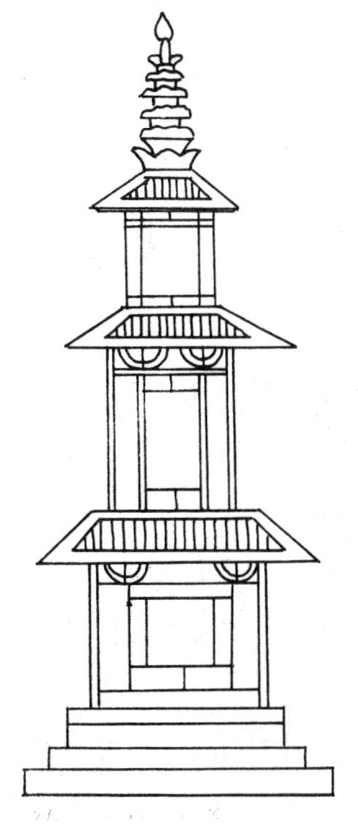
木构式塔（隋唐）

石板檐式塔(隋唐）

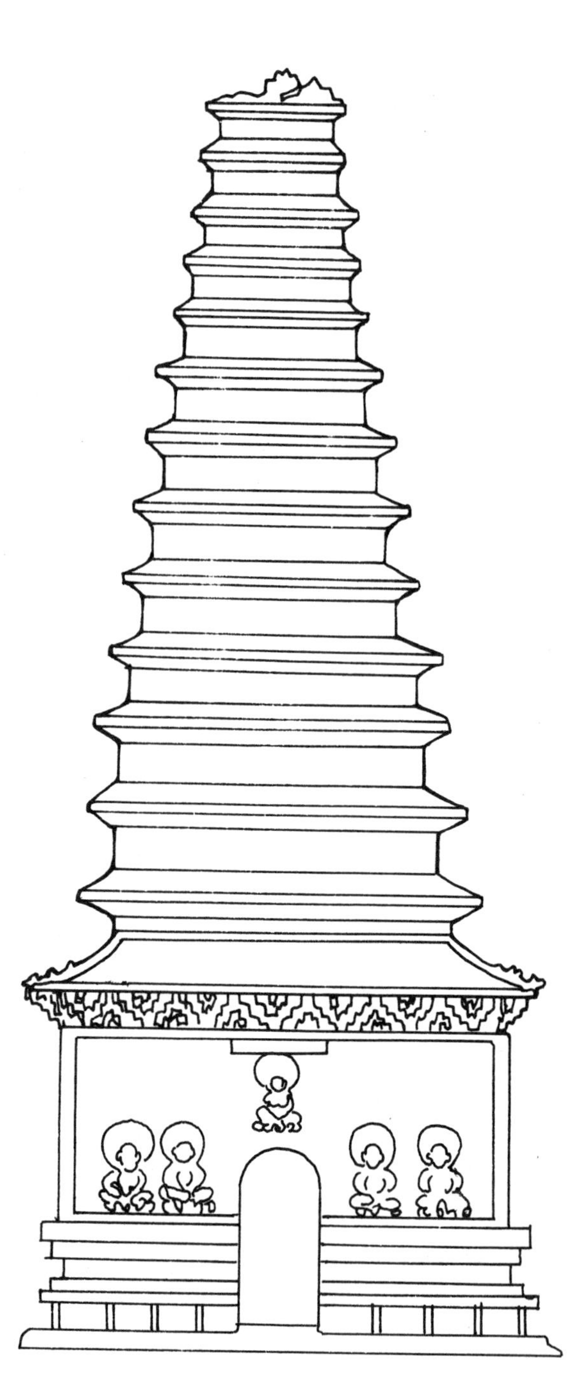

辽宁朝阳扩大身式塔（五代）

八角形多檐式塔（五代）

河北定州多层叠涩檐天平座式塔（五代宋）

黑龙江宁安县燃灯塔（唐渤海）

山西文水县多层叠涩檐平座式塔（五代）

北京房山云居寺小塔（唐）

山西运城招福寺泛舟禅师塔（唐）

龙虎塔（唐）

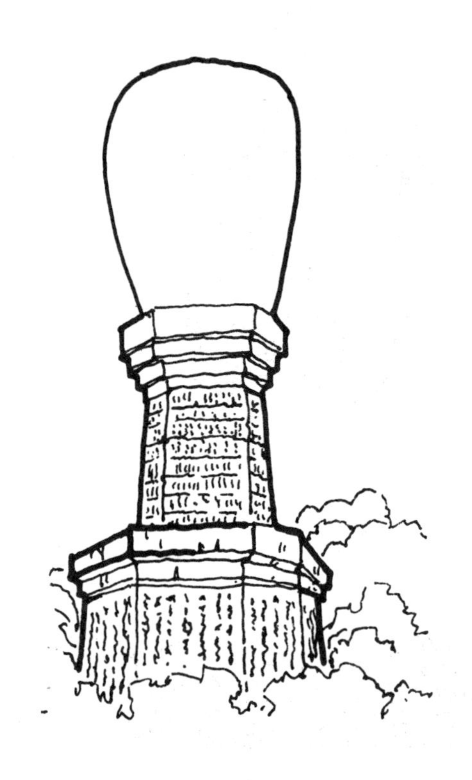

云南大姚白塔（唐）

八角木构式塔（隋唐）

幢形墓塔（五代）

印度窣堵波式（五代）

亭式石塔（隋唐）

阿育王式塔（五代）

多层阿育王式塔（五代）

河南安阳文峰塔局部
（五代）

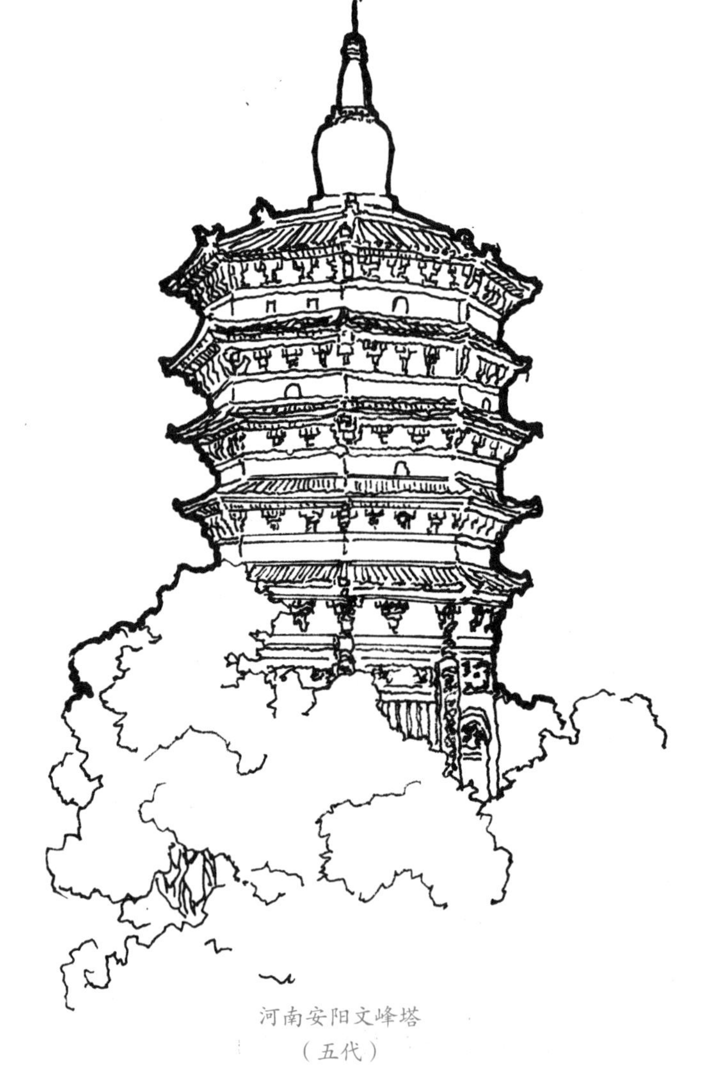

河南安阳文峰塔
（五代）

河南安阳修定寺塔石刻图样（唐）

河南安阳修定寺塔石刻图样（唐）

河南安阳修定寺塔石刻图样（唐）

河南安阳修定寺塔石刻图样（唐）

陕西西安玄奘塔（唐）

河南安阳修定寺塔石刻图样（唐）

五、石窟、藻井、边饰纹样

陕西西安某墓门额楣石刻卷草凤纹样（唐）

山西太原天龙山第 2 窟天花及飞天雕刻示意图（北齐）

佛像禅师碑刻纹样（唐）

河南洛阳龙门万福洞石刻莲花

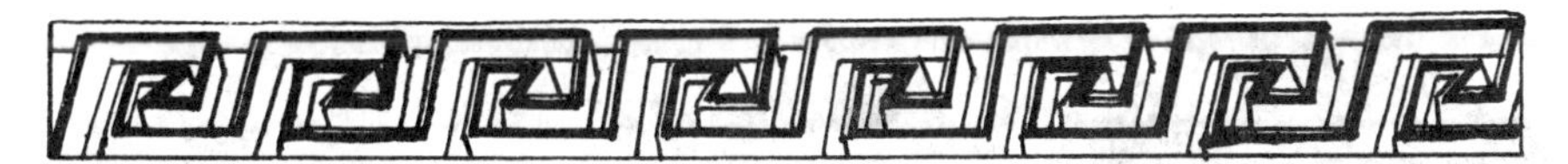

甘肃敦煌莫高窟四纹

甘肃敦煌莫高窟连珠纹

甘肃敦煌莫高窟火焰纹

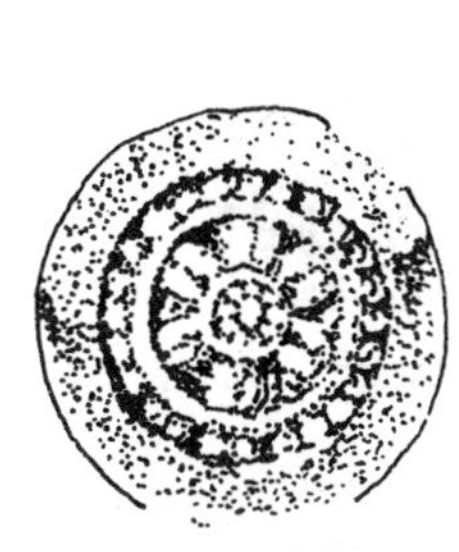

陕西西安大明宫遗址
出土莲花瓦当（唐）

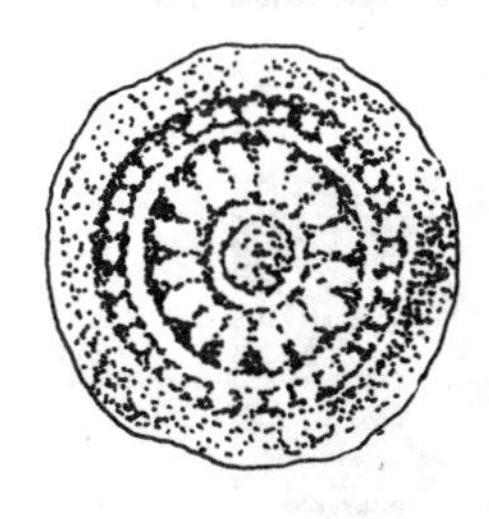

陕西西安大明宫遗址
出土莲花瓦当（唐）

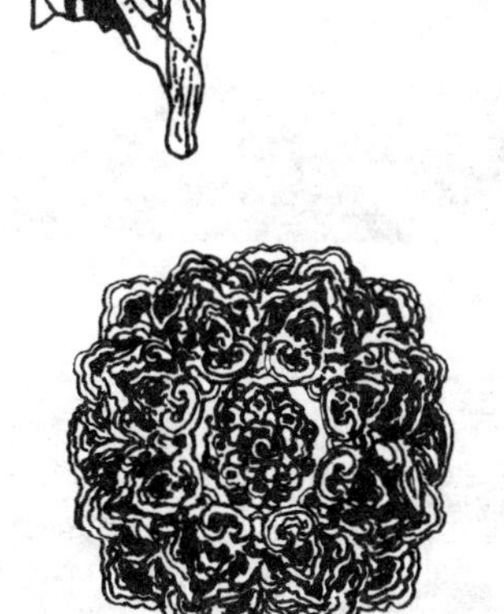

甘肃敦煌莫高窟团窠纹（隋）

甘肃敦煌莫高窟火焰纹（隋）

卷草纹

卷草纹

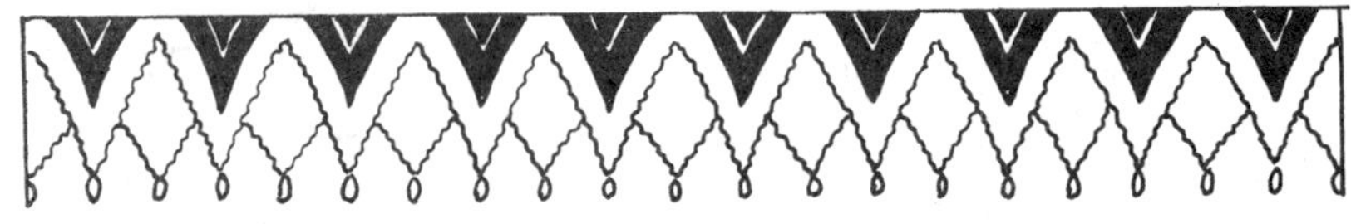
流苏纹

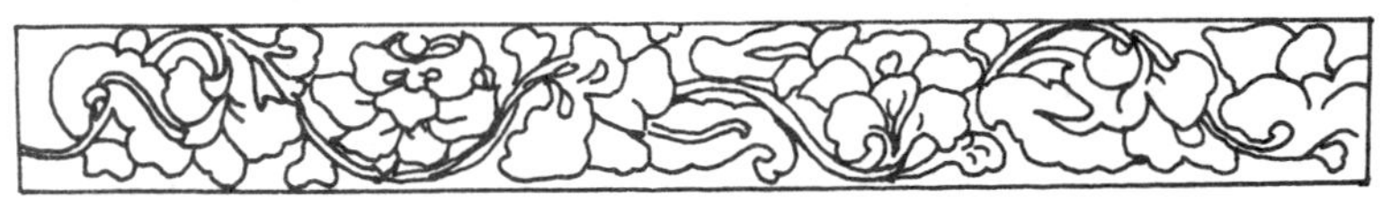
雕刻花纹样

铃铛流苏纹

葡萄纹

带状花纹

图案纹

带状花纹

卷草牡丹纹样（隋）

卷草石刻纹样（隋）

甘肃敦煌莫高窟边饰图案（隋）

卷草纹样

石榴凤纹图案

藻井

天花是遮蔽建筑顶部的构件，建筑内呈穹隆状的天花称作“藻井”，这种天花的每一方格为一井，又饰以花纹、雕刻、彩画，故名藻井。“藻井”一词，最早见于汉赋。清代时的藻井较多以龙为顶心装饰，所以藻井又称为“龙井”。在沈括的《梦溪笔谈•器用》中还记载有藻井的一些别名:“古人谓之绮井，亦曰藻井，又谓之覆海。”

敦煌石窟是覆斗形的窟顶装饰，因与中国古代建筑的屋顶结构藻井相似，也称“藻井”。敦煌藻井简化了中国传统古建层层叠木藻井的结构，中心向上凸起，四面为斜坡，成为下大顶小的倒置斗形。主题作品在中心方井之内，周围的图案层层展开。由于藻井处于石窟内中央顶部，使石窟窟顶显有高远深邃的感觉。藻井与普通天花一样，都是室内装修的一种，但藻井只能用于最尊贵的建筑物，像神佛或帝王宝座顶上。唐代就有明确规定，非王公之居，不得施重拱藻井。

藻井的形式

藻井的形式有四方、八方、圆形等，构造复杂。有的藻井各层之间使用斗拱，雕刻精致、华美，具有很强的装饰性；有的藻井则不用斗拱，而以木板层层叠落，既美观又简洁大方。

故宫太和殿、养心殿、钦安殿、皇极殿等重要大殿内，在所设的皇帝宝座和供奉神佛的龛上部，天花中间均装饰藻井，并且藻井内做成雕龙浑金形式。虽然都有雕龙装饰，但绝不雷同。蟠龙圆圈外较大的圆周上，则雕有 24 个黄梨花头灯座。由灯座底部又各自引出一条红色飞带，托着一个黄底青叶红花的环形顶盖。这 24 条放射线状的飞带，把图形藻井衬托得更有深度感。再由黄梨花头灯座向外扩张，另有由内向外渐次而大的一个圆周。这些圆周上有莲花灯 90 盏，妈祖神像 120 座。这些灯座及神像由外圈到内圈逐圈缩小。匠人处心积虑地安排，主要使它和飞带同样具有深度感。24 条飞带的发源处，雕有 24 只石狮。而每两只石狮之间又立妈祖神像一座，使石狮带有守护的意味。

藻井的分类

藻井按其方井结构和中心纹样可分为五类：

（1）方井套叠藻井：这是北朝平棋图案的遗风，只保留了方井套叠框架的结构，井内纹样却有多样变化。

（2）盘茎莲花藻井：这是隋代独有的一种藻井，特征为井内是一八瓣大莲花，莲花周围盘绕变形茎蔓忍冬纹，纹样倾向自然形态。井外有圆形连珠纹、忍冬纹、白珠纹三道边饰，长、大精美的三角纹垂幔。隋代藻井作品没有程式，形象新颖，千变万化，各逞其思，各有其妙。

（3）飞天莲花藻井：井心较宽大，大莲花周围画若干飞天绕莲花飞翔。此类藻井装饰已超越了窟室的空间，让人有一种举首高望、空旷辽阔的感觉。

（4）双龙莲花藻井：井心莲花两侧画作二龙戏珠状，藻井四周画十六飞天撒花奏乐，内外呼应，有强烈的动感。

（5）大莲花藻井：井内只画一朵大莲花，或四角偶配一角花，井外边饰层次较多，简练清新。藻井是中国传统建筑中室内顶棚的独特装饰部分。一般做成向上隆起的井状，有方形、多边形或圆形凹面，周围饰以各种花纹、雕刻和彩绘。多用在宫殿、寺庙中的宝座、佛坛上方等重要部位。

藻井纹样（唐）

藻井纹样（唐）

石刻火焰纹样

甘肃敦煌莫高窟藻井纹样（唐）

甘肃敦煌莫高窟藻井纹样（唐）

甘肃敦煌莫高窟第360窟藻井图案（晚唐）

甘肃敦煌莫高窟藻井图案（唐）

甘肃敦煌莫高窟第 321 窟藻井图案（初唐）

甘肃敦煌莫高窟藻井图案（唐）

甘肃敦煌莫高窟藻井图案（唐）

藻井图案（唐）

甘肃敦煌莫高窟地砖图案（唐）

甘肃敦煌莫高窟边饰图案（晚唐）

藻井图案

陕西西安出土花砖图案（唐）

花砖图案

葡萄砖纹图案

藻井图案（唐）

甘肃敦煌莫高窟藻井边饰图案（唐）

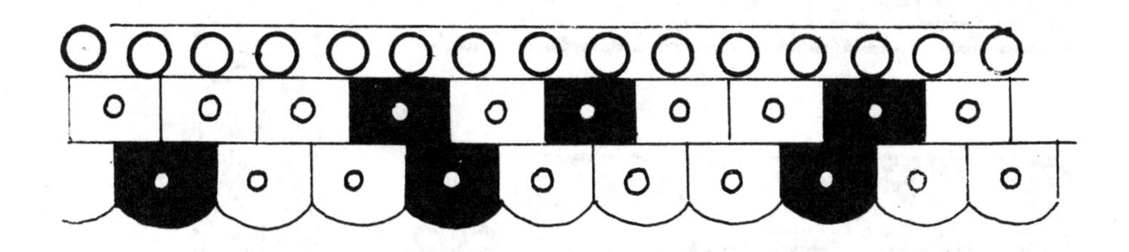

藻井边饰图案（唐）

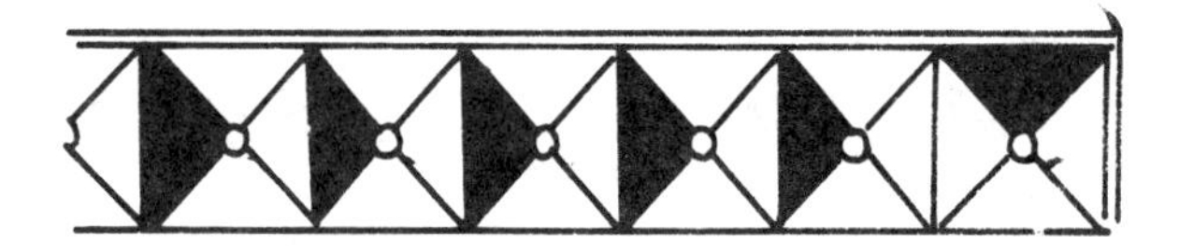

藻井图案（隋唐）

藻井图案（隋唐）

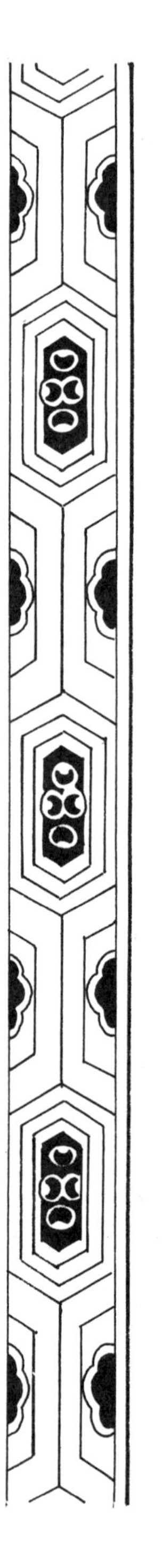

边饰图案（唐）

边饰图案（唐）

藻井边饰图案（唐）

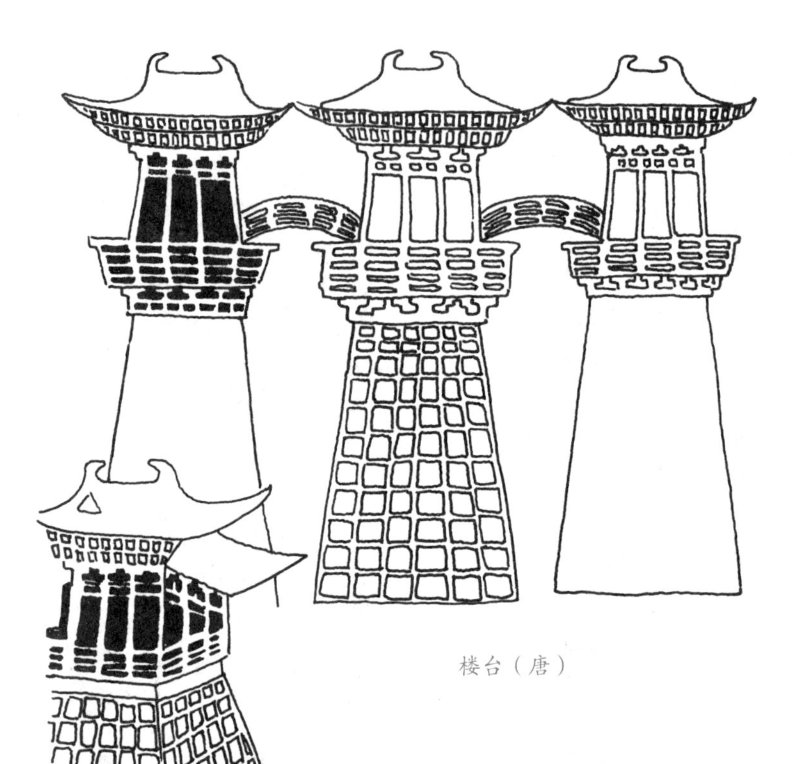

楼台（唐）

藻井——团龙（唐）

懿德太子墓前藻井图案（唐）

甘肃敦煌壁画建筑（唐）

六、石雕及陶俑

石雕

石雕，是指用各种可雕、可刻的石头，创造出具有一定空间的可视、可触的艺术形象，借以反映社会生活、表达艺术家的审美感受、审美情感、审美理想的艺术。常用的石材有花岗石、大理石、青石、砂石等。石材质地坚硬、耐风化，是大型纪念性雕塑的主要材料。

中国历史悠久，在漫长的石器时代，石器加工是原始先民谋生的手段。从人类艺术的起源就开始了石雕的历史。可以说，迄今人类包罗万象的艺术形式中，没有哪一种艺术形式能比石雕更古老了。

石雕的历史可以追溯到距今一二十万年前的旧石器时代中期。从那时候起，石雕沿传至今。在这漫长的历史中，石雕艺术的创作不断更新进步。不同时期，石雕在类型和样式风格上都有很大变迁；不同的需要，不同的审美追求，不同的社会环境和社会制度，都在影响着石雕创作的发展演变。石雕的历史是艺术的历史，也是内涵丰富的文化史，更是形象生动而又具体实在的人类历史。

石雕的造型类别

石雕雕刻设计手法多种多样，可以分为浮雕、圆雕、沉雕、镂雕和透雕等。

（1）浮雕。浮雕即是在石料表面雕刻的有立体感的图像，是半立体型的雕刻品。因图像浮凸于石面而称浮雕。根据石面脱石深浅程度的不同，又分为浅浮雕和高浮雕。浅浮雕是单层次雕像，内容比较单一，没有镂空透雕。高浮雕是多层次造像，内容较繁复，多采取透雕手法镂空，更能引人入胜。浮雕多用于建筑物的墙壁装饰，还有寺庙的龙柱、抱鼓等装饰。北京故宫的御道就是浮雕。

（2）圆雕。圆雕是单体存在的立体造型艺术品，石料每个面都要求进行加工，工艺以镂空技法和精细剁斧见长。此类雕件种类很多，多数以单一石块雕塑，也有由多块石料组合而成的。此类雕体发展了微型产品，有的小似果核，有的甚至薄如蝉翼，巧夺天工，被称为“微雕”。小型微雕产品已完全脱离建筑，因实用而发展成为纯工艺品，其小巧且便于携带，可作为纪念性珍品。

（3）沉雕。又称“线雕”，即采用“水磨沉花”雕法的艺术品。此类雕法吸收了中国画与意、重叠、线条造型、散点透视等传统笔法，石料经平面加工抛光后，描摹图案文字，然后依图刻上线条，以线条粗细深浅程度、利用阴影体现立体感。此类产品多数用于建筑物的外壁表面装饰，有较强的艺术性。

（4）镂雕。镂雕是一种雕塑形式，也称镂空雕，即把石材中没有表现物像的部分掏空，把能表现物像的部分留下来。镂雕是圆雕中发展出来的技法，它是表现物像立体空间层次的寿山石雕刻技法。古代石匠常常雕刻口含石滚珠的龙。龙珠剥离于原石材，比龙口要大，在龙嘴中滚动而不滑出。这种在龙嘴中活动的“珠”就是最简单的镂空雕。

（5）透雕。在浮雕作品中，保留凸出的物像部分，而将背面部分进行局部镂空，就称为透雕。透雕与镂雕、链雕的异同表现是，三者都有穿透性，但透雕的背面多以插屏的形式来表现，有单面透雕和双面透雕之分。单面透雕只刻正面，双面透雕则将正、背两面的物像都刻出来。不管单面透雕还是双面透雕，都与镂雕、链雕有着本质的区别，而镂雕和链雕都是360度的全方面雕刻，而不是正面或正反两面。因此，镂雕和链雕属于圆雕技法，而透雕则是浮雕技法的延伸。

此外，古往今来的石雕艺匠还创作了一些圆雕、浮雕、沉雕等多种手法兼具的雕件。这类雕件都表现出较复杂的内容，因此采取浮中有沉、沉中有浮、圆中有沉浮的综合手法。

陶俑

陶俑，是古代墓葬雕塑艺术品的一种，在古代雕塑艺术品中占有重要的位置。早在原始社会，人们就开始将泥捏的人体、动物等一起放入炉中与陶器一起

烧制。到了战国时期，随着殉人制度的衰落，陶俑替代了殉人陪葬，秦始皇陵出土的 8 000 多个兵马俑气势壮观，令人叹为观止。山东陶乐舞杂技俑、四川陶说唱俑、河南技乐俑等的形象真实，栩栩如生。

世界上最著名的陶俑是秦始皇陵兵马俑，被誉为世界第八大奇迹。

商周时期的陶俑朴拙疏略，处于雕塑艺术的初级阶段；春秋战国时期的陶俑简洁生动；秦代时期的陶俑已经达到了准确写实的娴熟程度。汉代陶俑的种类、数量、材质、水平等都达到了新的高度，陶俑造型优美，动作滑稽可爱。隋唐时期的陶俑艺术达到了一个新的高峰，文官、武士、仕女、牵驼、牵马、戏弄、骑俑、胡俑成为这一时代的常见种类，尤以色彩斑斓、奇伟多姿的三彩俑堪称中国陶俑的压卷之作。及至五代，陶俑之风大变，镇墓的神怪俑受到重视。宋代以后，葬俗转易，尤其是焚烧纸在丧葬中的盛行，陶俑的使用骤减，至清初遂告绝迹。

俑的使用是为了使死者能在冥世继续如生前一样生活，所以俑真实负载了古代社会的各种信息，对研究古代的舆服制度、军阵排布、生活方式乃至中西文化交流皆有重要的意义。从东周至宋代的约 1 500 年中，中国古俑弥补了同时期地面雕塑在种类及完整性上的重大缺憾，为我们勾勒出古代雕塑艺术发展的脉络以及历代审美习尚变迁的轨迹，成为了解中国古代雕塑艺术史不可或缺的珍贵实物资料。

石雕菩萨立像残躯（唐）

石雕菩萨坐像（唐）

王建家石雕（五代前蜀）

石雕菩萨残像（隋）

石浮雕“昭陵六骏”（唐）

顺陵石雕坐狮（唐）

陶彩绘舞俑（唐）

陶立俑（隋）

甘肃天水麦积山石窟泥塑护膊士（唐）

陶驴俑（唐）

陶“胡人”俑头（唐）

陶“胡人”御马俑（唐）

“胡人”俑头（唐）

陶镇墓兽俑（唐）

陶“胡人”行商俑（唐）

陶骆驼彩塑俑

陶“唐三彩”骏马（唐）

陶彩绘舞俑（唐）

七、墓室及装饰纹样

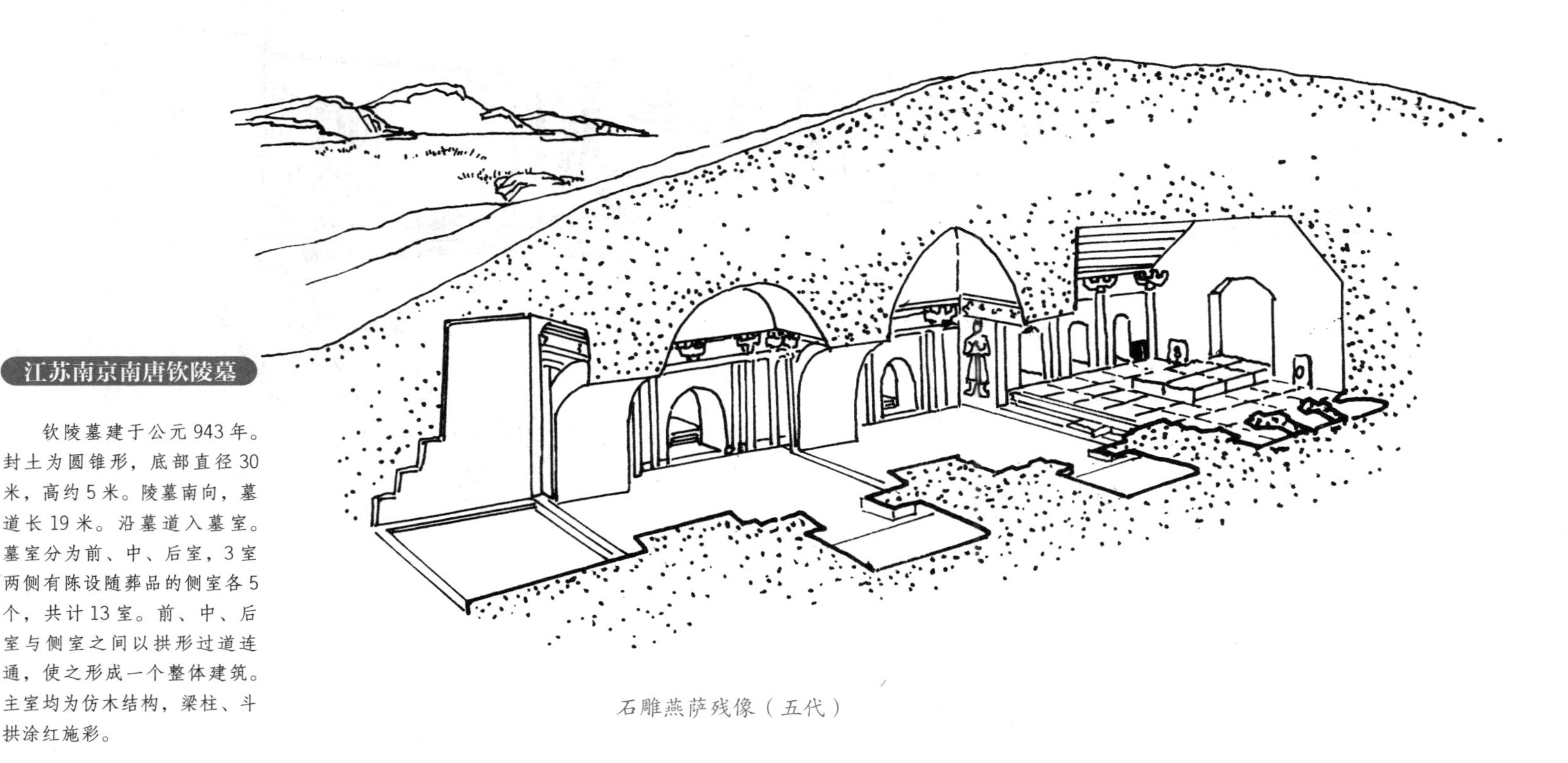

石雕燕萨残像（五代）

江苏南京南唐钦陵墓

钦陵墓建于公元943年。封土为圆锥形，底部直径30米，高约5米。陵墓南向，墓道长19米。沿墓道入墓室。墓室分为前、中、后室，3室两侧有陈设随葬品的侧室各5个，共计13室。前、中、后室与侧室之间以拱形过道连通，使之形成一个整体建筑。主室均为仿木结构，梁柱、斗拱涂红施彩。

永泰公主墓

永泰公主墓在陕西乾县北部，是乾陵17座陪葬墓之一。永泰公主是唐中宗李显的第七个女儿，唐高宗李治和武则天的孙女，名仙蕙，死于唐大足元年（公元701年），死时年仅17岁。死后与她丈夫武延基合葬在一起，陪葬乾陵。永泰公主墓南门外排列有石狮1对、石人2对、华表1对，具有陵的规模。中间有两个阙堆，墓地由墓道、过洞、开井和墓室组成。墓道两边全是壁画，不过是复制品。壁画颜色鲜艳，威武多彩。

陕西乾县永泰公主墓墓室剖面图（唐）

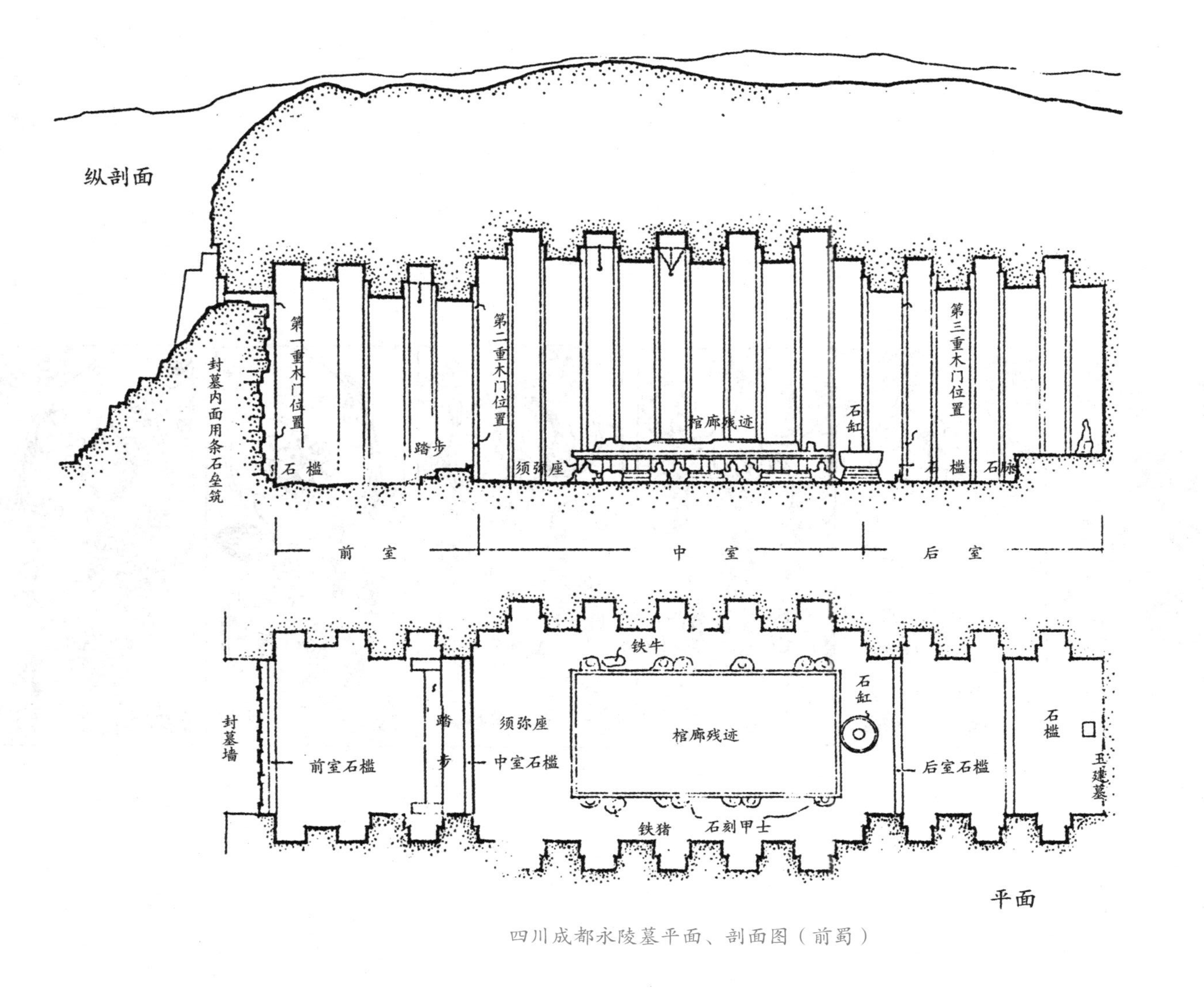

四川成都永陵墓平面、剖面图（前蜀）

懿德太子墓前甬道藻井图案细部（唐）

懿德太子墓前甬道藻井图案细部（唐）

宋、辽、金时期的建筑

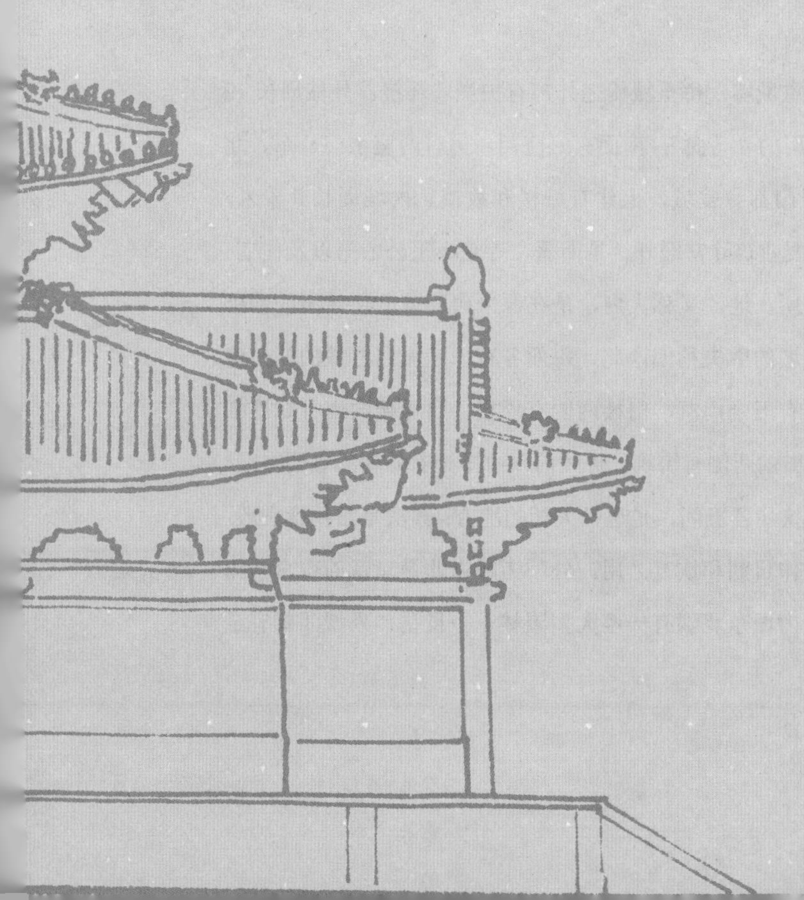

城市与宫殿

宋、辽、金时期，由于唐末、五代以来手工业和商业的发展，各地出现了若干中型城市，城市的布局也发生了变化。这时期的主要城市有北宋的首都东京（今河南开封）和以园林著名的西京（今河南洛阳），南宋的临安（今浙江杭州），辽的南京与金的中都（都在今北京西南郊），以及扬州、平江（今江苏苏州）、成都等手工业及商业城市。此外，由于对外贸易的发展，沿海的广州、明州（今浙江宁波）、泉州等城市也在唐代的基础上进一步繁荣起来。

北宋东京的前身是唐朝的汴州，北宋为了利用南方丰富的物资，建都于此，并进行了多次建设。

据文献记载，东京有三重城墙，每重城墙之外都有护城壕环绕。外城周长 19 千米，城墙每百步设有防御用的“马面”，南面有三座门，另有两座水门，东、北各四门，西面五门，每座城门都有瓮城，上建有城楼和敌楼。内城周长 9 千米，每面各有三座门。内城的主要建筑除宫殿外，是衙署、寺观、王公宅第以及住宅、商店、作坊等。宫城是宫室所在地，又称大内，是在原来唐朝节度使住所的基础上发展起来的。宫城位于内城的中央稍偏西北，每面各有一座城门。城的四角建有角楼。南面中央的丹凤门有五个门洞，门楼两侧有垛楼，自垛楼向南行廊连阙楼，出丹凤门往南是御街，街的两侧有御廊。丹凤门以内排列着外朝的主要宫殿。最前面的大殿宽九间，东西挟屋各五间，是皇帝大朝的地方；其次是常朝紫宸殿；还有文德、垂拱两组殿堂，作日朝和饮宴之用。外朝诸殿以北是皇帝的寝宫与内苑，宫城内还有若干官署。内城东北隅有一座大型园林——艮岳，外城西郊有金明池，都是皇帝游乐的御苑。整个规模虽不如隋唐两朝宏大，但组群布局既规整又具有灵活、华丽和精巧的特点。

据记载，东京城内共有 8 厢 121 作坊，城外有 9 厢 14 坊。当时商业兴盛，城市人烟稠密，住房拥挤，所以酒楼多是二三层的建筑，商店的前部还建有“采楼欢门”，临街栽植各种果树，御沟内植有荷花。

东京城内有汴河、蔡河等四条河贯通其间。在这些河上建有各式各样的桥梁。据记载，汴河上有桥 13 座，其中最著名的是天汉桥和虹桥；蔡河上也有桥 11 座。

平江（今江苏苏州）是春秋末期吴国的都城，是中国最古老的城市之一。自唐朝以来，它就是一座手工业和商业繁盛的城市。

城内街道纵横平直。主要街道为东西向或南北向，相交为十字或丁字形。从北宋起，路面多铺以砖。城内河道又有干线和密布的分渠，构成与街道相辅的交通网，使住宅、商店和作坊都是前街后河。河道出入城墙的地方建有 7 座水门和闸。城内外共有大小桥梁 300 余座。平江是中国南部的一个典型水乡城市。

子城位于城内中央稍偏东南，是平江府衙署所在地。其中，四合院式的院落布局方式和后部厅堂采用三相重，而贯以穿廊成为王字形平面，对后代王府、衙署建造等产生了深远的影响。这座子城提供了很多重要史料，是唐、宋两朝官署建筑

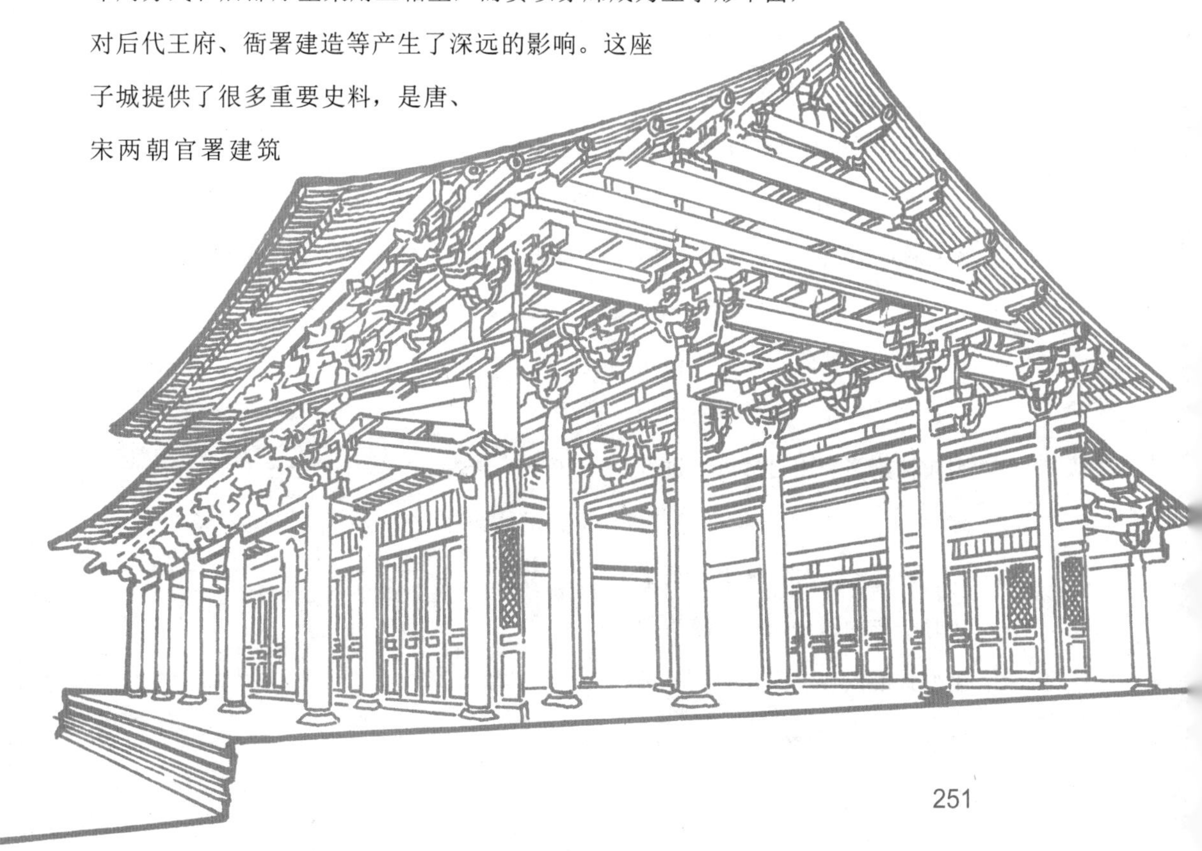

的重要例证。

平江城东北则是繁华的商业区——乐桥，这里有各种商店、酒楼和客店。城的南北两端有兵营、住宅、寺观、作坊等。城内外有著名风景区虎丘、石湖桃花坞等。

住宅

宋朝的农村住宅比较简陋（见于《清明上河图》），有些是墙身很矮的茅屋，有些是茅屋和瓦屋相结合，构成一组房屋。城市的小型住宅多使用长方形平面。梁架、栏杆、棂格、悬鱼等，具有朴素而灵活的造型，屋顶多用悬山顶或歇山顶。稍大住宅，外建门屋，内部采取四合院形式。此外，《千里江山图》所绘住宅多所，都有大门，东西厢房，而主要部分是前厅、穿廊、寝所构成的工字屋，除后寝用茅屋外，其余覆以瓦顶。少数较大住宅侧大门内建照壁，前堂左右以挟屋，反映了当时大、中地主的住宅情况。

贵族官僚的宅第外部建乌头门或门屋，而后者中央一间往往用“断砌造”，以便车马出入。居住面积增加，多以廊屋代替回廊，因而四合院的功能与形象发生了变化。房顶多为悬山式，饰以脊兽或走兽。

据南宋绘画描绘，当时江南一带利用优美的自然环境建造住宅。有些采用规整对称的庭院，有些房屋参错配列，或临水筑台，或水中建亭，或依山构廊。既是住宅，又具有园林风趣，是它的主要特点。

苏州园林的布局已“植景而造”。杭州、吴兴等处的大型园林则多利用自然风景进行建造。

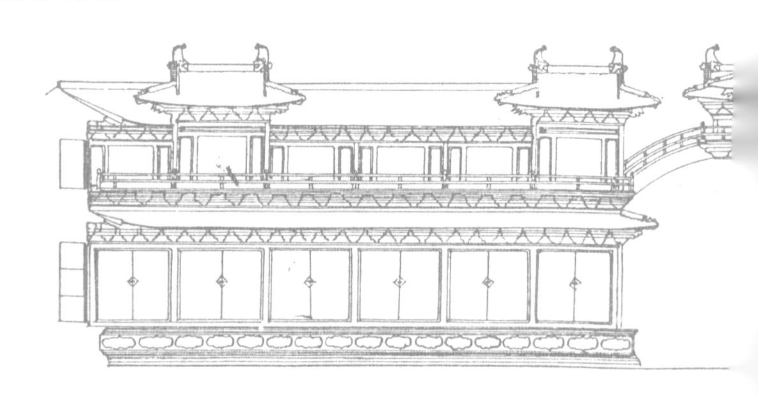

到两宋，人们终于改变了历时千年的跪坐习惯。随着起坐方式的改变，家具的尺度都

相应地增高了，也影响了建筑的室内外高度的增加。设置也出现若干变化。

寺庙及塔

山西太原的晋祠圣母庙是一组带有园林风味的祠庙建筑。沿着主要部分的纵轴线上建石桥、铁狮子、金人台、献殿、圣母殿等。它是《营造法式》所谓“副阶周匝”形式的实例，室内采用“彻上露明造”，显得内部甚为高敞。殿内有40尊侍女塑像，神态各异，是宋代雕塑中的精品。在外观上，殿角柱生起，颇为显著，上檐柱尤甚，使整座建筑具有柔和的外形，与唐代建筑雄朴的风格不同。

河北正定隆兴寺是现存的宋朝佛寺建筑总体布局的一个重要实例。佛香阁和弥陀殿都是采用三殿并列制度。全寺建筑依着中轴线作纵深的布置，自外而内，殿宇重叠，院落互变，高低错落，主次分明。现在的佛香阁高约33米，三层，歇山顶。阁内所供42手观音（即千手观音），高24米，是北宋（公元971年）建阁时所铸，也是留存至今的中国古代最大的铜像。转轮藏殿和慈氏阁都是两层，重檐歇山顶。寺内其余配殿都是单层。这种以高阁为全寺中心的布局方法，无疑是由于唐中叶以后供奉高大佛像，主要建筑不得不向多层发展，陪衬的次要建筑也随着增高，这反映了唐末至北宋期间高型佛寺建筑的特点。

天津市蓟州区独乐寺重建于辽统和二年（公元984年）。现存的山门和观音阁都是辽代原物。观音阁高三层，但外观则为两层，中间是暗层。阁中置一座高16米的辽塑11面观音像，造型精美，是现存的中国古代最大塑像。阁的外形，因台基较低矮，各层柱子略向内倾侧，下檐上面四周建平座，上层覆以坡度和缓的歇山式屋顶，从而在造型上兼有唐代雄健和宋代柔和的特色，是辽代建筑的一个重要实例。

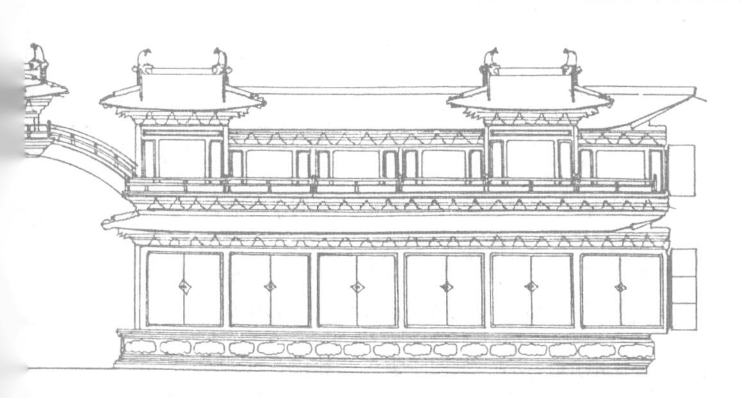

这个时期还留存若干重要的

佛教建筑，如山西大同的华严寺和善化寺都是辽、金建筑的重要作品。善化寺的大雄宝殿建于辽；普贤阁、三圣殿和山门则是金代遗物。该寺殿宇高大、院落开阔，为现存的辽、金佛寺中规模最大的一处，同时这些建筑平面、结构和造型各具特点，是研究辽、金建筑变化的重要数据。

山西应县佛宫寺释迦塔建于辽清宁二年（公元 1056 年），是现存最早的一座木塔。迄今 900 余年，经历多次地震，释迦塔仍然完整屹立，说明中国木结构建筑所取得的重大成就。

这个时期砖塔、石塔留存很多，形式丰富、构造进步，是中国砖、石塔发展的高峰。除了墓塔以外，大型砖、石塔的形式大致可分为楼阁式和密檐式两种，密檐式塔一般不能登临，大都是实心，构造与造型比较统一，而楼阁式塔则比较多样。

楼阁式砖、石塔又可分为三种类型。

第一种是塔身砖造，外围采用木构，其外形和楼阁式木塔没有多大分别，如宋朝建造的苏州报恩寺塔、杭州六和塔等。

第二种塔是全部用砖或石砌造，但塔的外形完全模仿楼阁式木塔。如苏州五代末至宋初建造的虎丘云岩寺塔、内蒙古的辽庆州白塔和福建泉州的宋开元寺双塔等。

第三种塔是用砖或石砌造，模仿楼阁式木塔，但不是亦步亦趋，而是适当地加以简化。如山东长清宋灵岩寺塔、河北定州宋开元寺塔等。

这时期密檐塔盛行于北方。如 12 世纪中期金代建造的河南洛阳白马寺塔和山西陵川昭庆寺塔等。辽、金密檐塔大部分是八角形平面，是这时期一个新的创造。

如唐代所建的山西运城招福寺禅和尚塔、山西晋城青莲寺慧峰塔等。此外，北京天宁寺塔也是一座华丽的辽代密檐塔。

建筑材料、技术及装饰

材料、技术的进步和建筑功能及社会意识形态的要求互为因果，促使宋朝建筑风格朝着柔和、绚丽的方向发展。

在材料方面，宋代砖的生产比唐代增加，因而有不少城市用砖砌城墙，城内道路也铺砌砖面，全国各地建造了很多规模巨大的砖塔，墓葬也多用砖建造。宋代琉璃瓦，实物方面留下一座北宋首都东京（开封）祐国寺的琉璃塔。这座塔不仅显示了琉璃制品生产水平的提高，而且反映了在构件的标准化和镶嵌方法上所取得的艺术效果。这是宋代在建筑材料、技术和艺术等方面发展汉以来预制贴面砖的一个重要成就。

辽代在建筑方面保存了不少唐代结构的特点。如山西大同下华严寺薄伽教藏殿、天津市蓟州区独乐寺观音阁和山西应县佛宫寺释迦塔等。某些殿堂和厅堂也用混合结构的建筑，如新城开善寺大殿、大同善化寺大殿、义县奉国寺大殿等，是金代建筑减柱法、移柱法的前奏。

北宋建筑结构在五代的基础上开始了一个新的阶段，其最重要的特点就是斗拱机能开始减弱。下昂有些已被斜栿代替，而且斗拱比例小，补间铺作的垛数增多，使整体结构发生若干变化。在楼阁建筑方面，如河北正定隆兴寺转轮藏殿慈氏阁等，已放弃了在腰檐和平坐内做成暗层的做法。这种上下层直接相通的做法到元朝继续发展，后来成为明、清的唯一结构方式。

金在建筑上反映了宋、辽建筑相互影响的结果。辽开始的减柱、移柱做法，在金代遗物中屡见不鲜，如山西朔州崇福寺弥陀殿等。此外，从辽开始出现的斜向出拱的斗拱结构方法，在金代大量使用。

南宋建筑结构手法基本上和北宋相同，但构件的艺术加工更加细致。四川江油市云岩寺的飞天藏使用交叉成网状的斗拱，已开明清如意斗拱的先河。另外，

《筑城法式》《河防通议》这两种资料都反映了宋代在土木工程方面的成就。

在砖石结构技术方面，可以从一些桥和塔看到这时期的发展情况。如金建造的卢沟桥，长达 266.5 米，用 11 孔连续的半圆拱构成。北宋建造的福建泉州万安桥长达 540 米，41 孔，石梁长 11 米，一般宽 0.6 米，厚 0.5 米。

如五代末开始到宋初完成的苏州虎丘塔内部的各层走廊、楼板和塔心室全部使用砖叠涩和砖斗拱结合的方法，而楼梯仍为木构。到了北宋中叶，又发展成为发券的方法，使塔心和外墙连成一体，提高了砖塔的坚实度和整体性。从宋、辽、金时期的砖塔的结构可以看到当时砖结构技术有了很大进步。

南宋建造的泉州开元寺双塔——镇国塔、仁寿塔各层柱、枋、斗拱和檐部结构，全部模仿木结构的形式，具有高超的工艺水平。

这时期的建筑装饰绚丽多彩。如栏杆花纹已从过去的勾片造发展为各种复杂的几何纹样的栏扳。室内“彻上露明造”的梁架、斗拱、虚柱（垂莲柱）以及具有各种棂格的格子门、落地长窗、阑槛钓窗等，既是建筑功能、结构的必要组成部分，又发挥了装饰作用。其中，构图和色彩以山西应县净土寺大雄宝殿的藻井最为华丽。这时期的小木作不仅雕刻精美，而且富于变化。如山西大同华严寺薄伽教藏殿内壁藏、四川江油云岩寺飞天藏等，都是模仿木结构建筑形式而雕刻华美、细致的精品。彩画方面，在梁枋底部和天花板上画有飞天、卷草、凤凰和网目纹等图案，颜色以朱红、丹黄为主，间以青绿。北宋彩画随着建筑的等级差别，有五彩遍装、青绿彩画和土朱刷饰三类，并盛行退晕和对晕的手法，使彩画颜色的对比，经过“晕”的逐渐转变，不致过于强烈。后来明清两代的彩画都是由此发展而来的。总之，从北宋起，宫殿、庙宇和民间建筑的风格都向华丽而绚烂的方向转变了。

一、宫殿、寺庙、民居

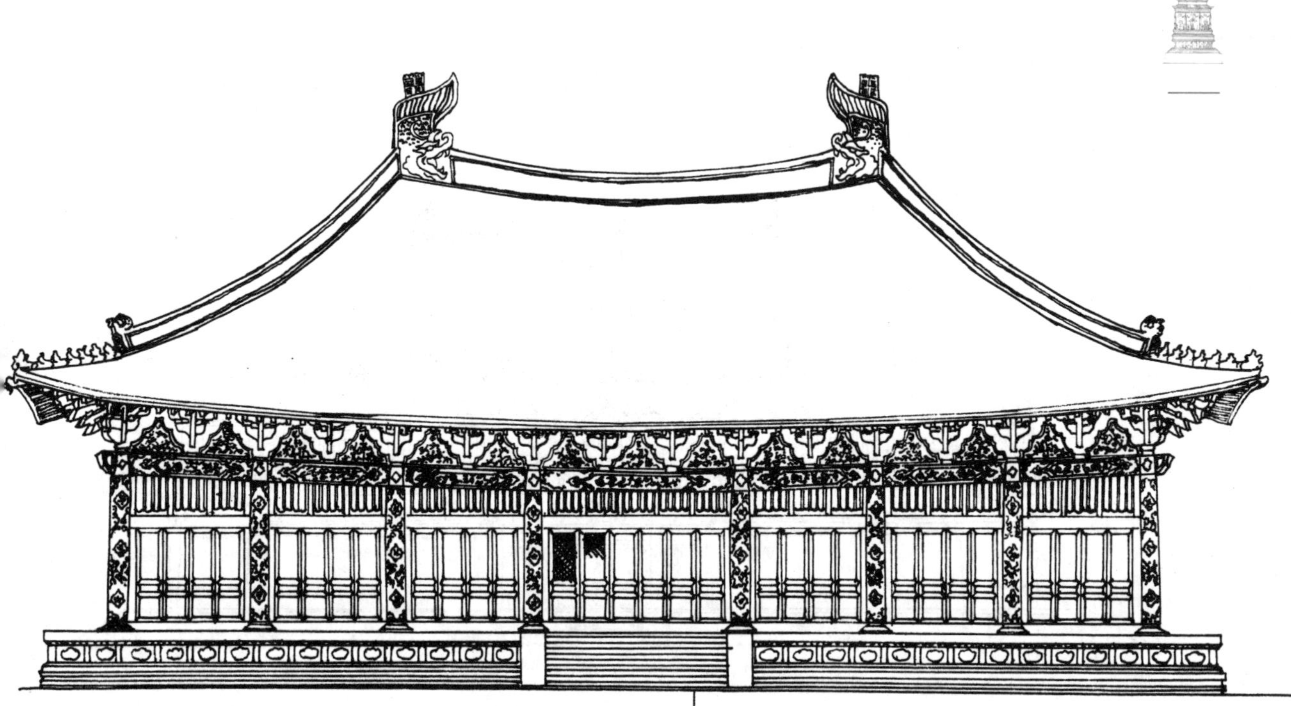

《营造法式》立面处理示意图

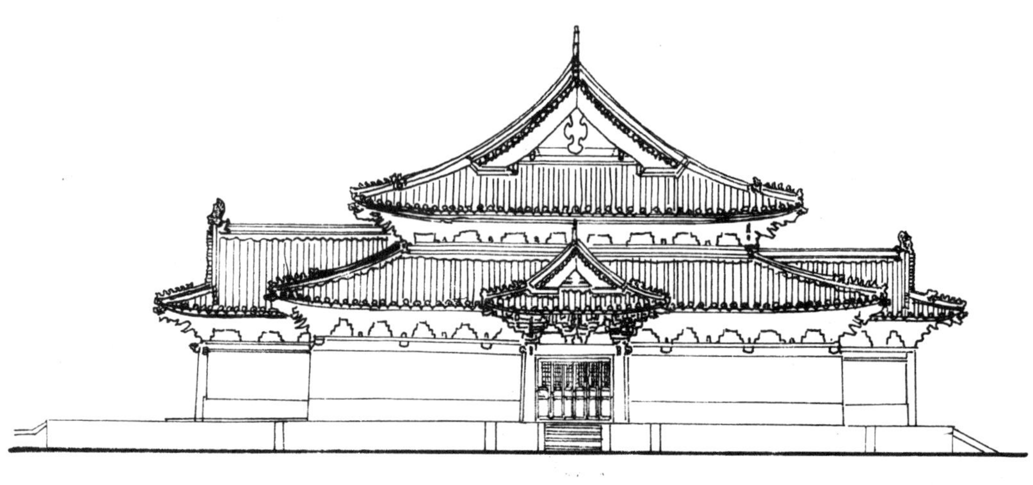

侧面

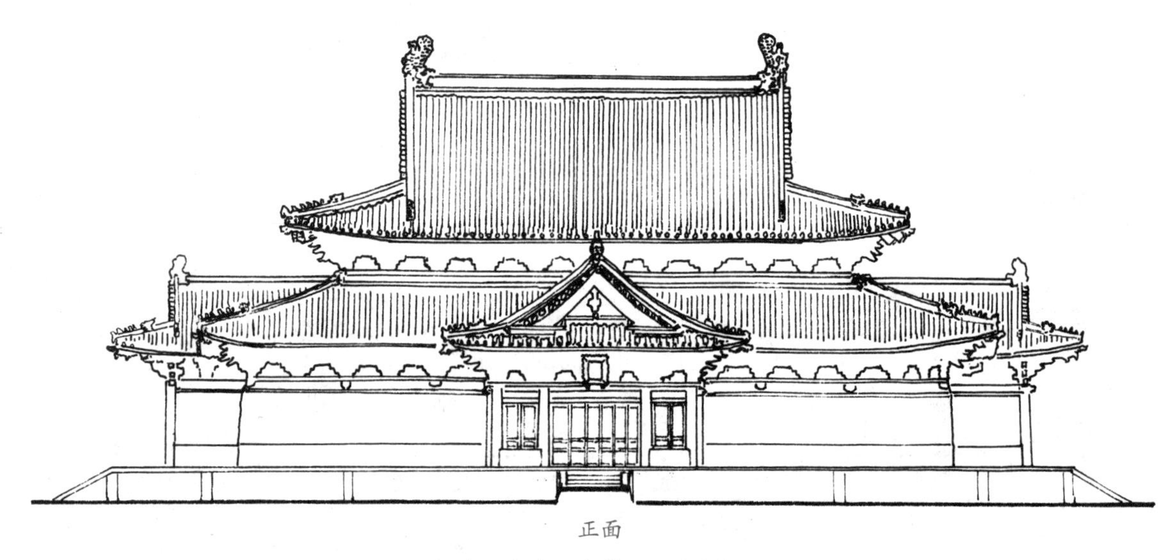

正面

河北正定隆兴寺摩尼殿（宋）

河北正定隆兴寺摩尼殿

隆兴寺原为东晋十六国时期后燕慕容熙的龙腾苑，隋文帝开皇六年（公元 586 年）在苑内改建寺院，时称龙藏寺。唐改称隆兴寺。摩尼殿始建于宋仁宗皇祐四年（公元 1052 年），总面积为 1 400 平方米。大殿结构属抬梁式木结构，平面呈十字形。殿内的梁架结构均与宋《营造法式》相符，大木八架椽屋，前后四柱结构形式。

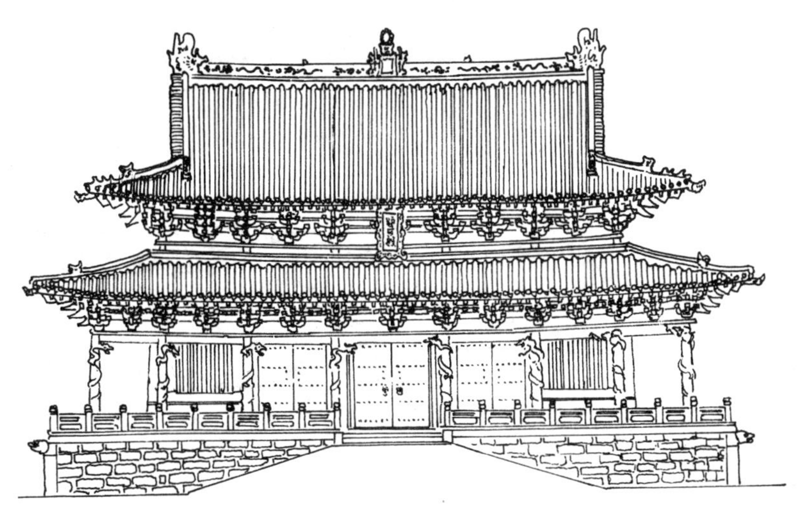

山西太原晋祠圣母殿正面图（宋）

山西太原晋祠圣母殿

山西太原晋祠的圣母殿为祠内的主要建筑，坐西向东，位于中轴线终端。是为奉祀姜子牙的女儿、周武王的妻子和周成王的母亲邑姜所建。殿四周围廊，前廊进深两间，极为宽敞，是中国古建典籍《营造法式》中的“副阶周匝”制实例。大殿檐柱侧角升起明显，给人以稳重之感。殿堂结构为单槽式，即有一排内柱，殿四周除前廊外，均为深一间的回廊，构成下檐。殿内外采用“减柱法”，以廊柱和檐柱承托殿顶梁架，扩大了殿内空间。圣母殿基本上遵照了《营造法式》的定制，表现了北宋的建筑风格和审美意识，为我国古建国宝。

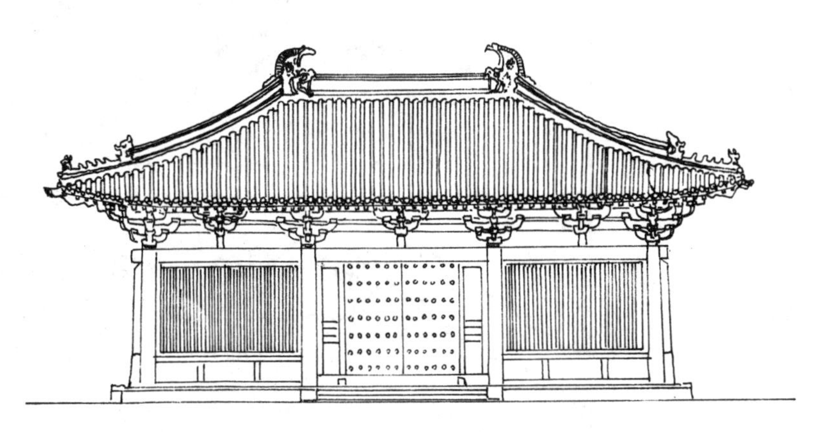

天津蓟州独乐寺山门正面图

天津蓟州独乐寺

独乐寺又称大佛寺，位于今天津蓟州，是中国仅存的三大辽代寺院之一，也是中国现存著名的古代建筑之一。独乐寺山门和观音阁为辽代建筑，其他都是明、清所建。全寺建筑分为东、中、西三部分；东部、西部分别为僧房和行宫，中部是寺庙的主要建筑物，由白山门、观音阁、东西配殿等组成，山门与大殿之间，用回廊相连。山门面阔三间，进深两间，斗拱相当于立柱的二分之一，粗壮有力，为典型的唐代风格，是中国现存最早的庑殿顶山门。

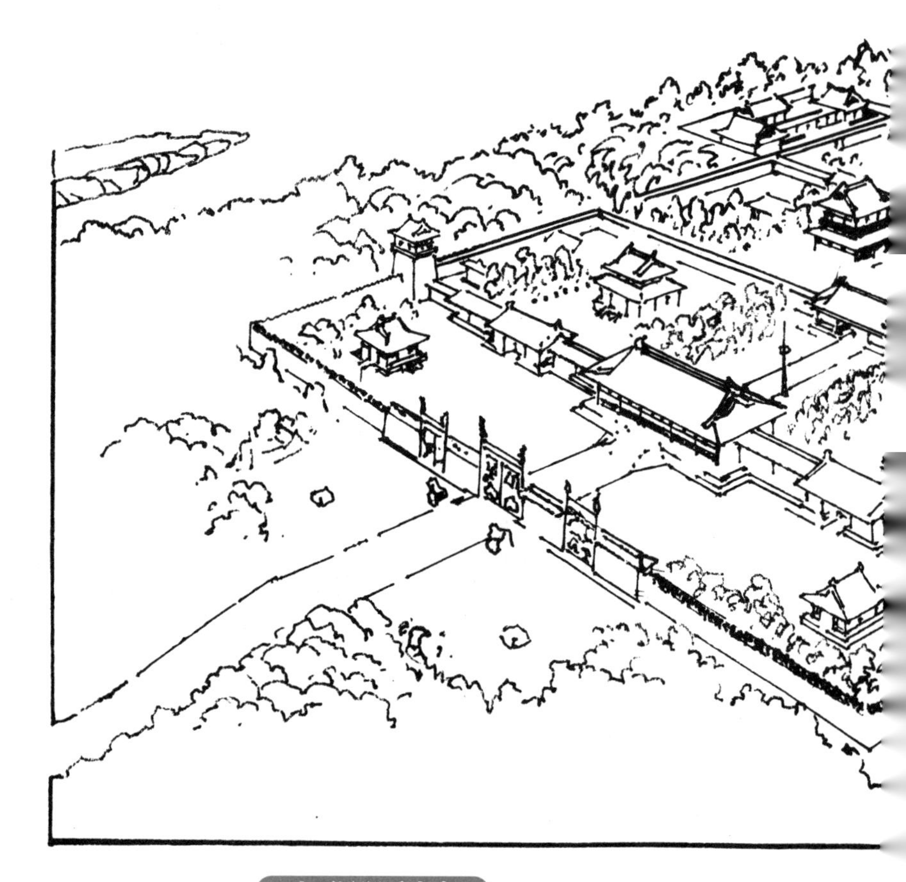

山西汾阳后土庙

山西汾阳后土庙又名圣母庙，庙址在山西汾阳西北田村，因主祀后土圣母，故名。内容为道教题材。创建年代不详，明嘉靖二十八年（公元1549年）重建。清道光七年（公元1827年）曾有重修。原主要建筑有正殿、钟楼、鼓楼、乐楼等。现仅存正殿一座，殿宽三间，进深两间，单檐歇山顶，殿门廊庑两侧绘有门神，殿内东、西、北三壁满绘壁画。

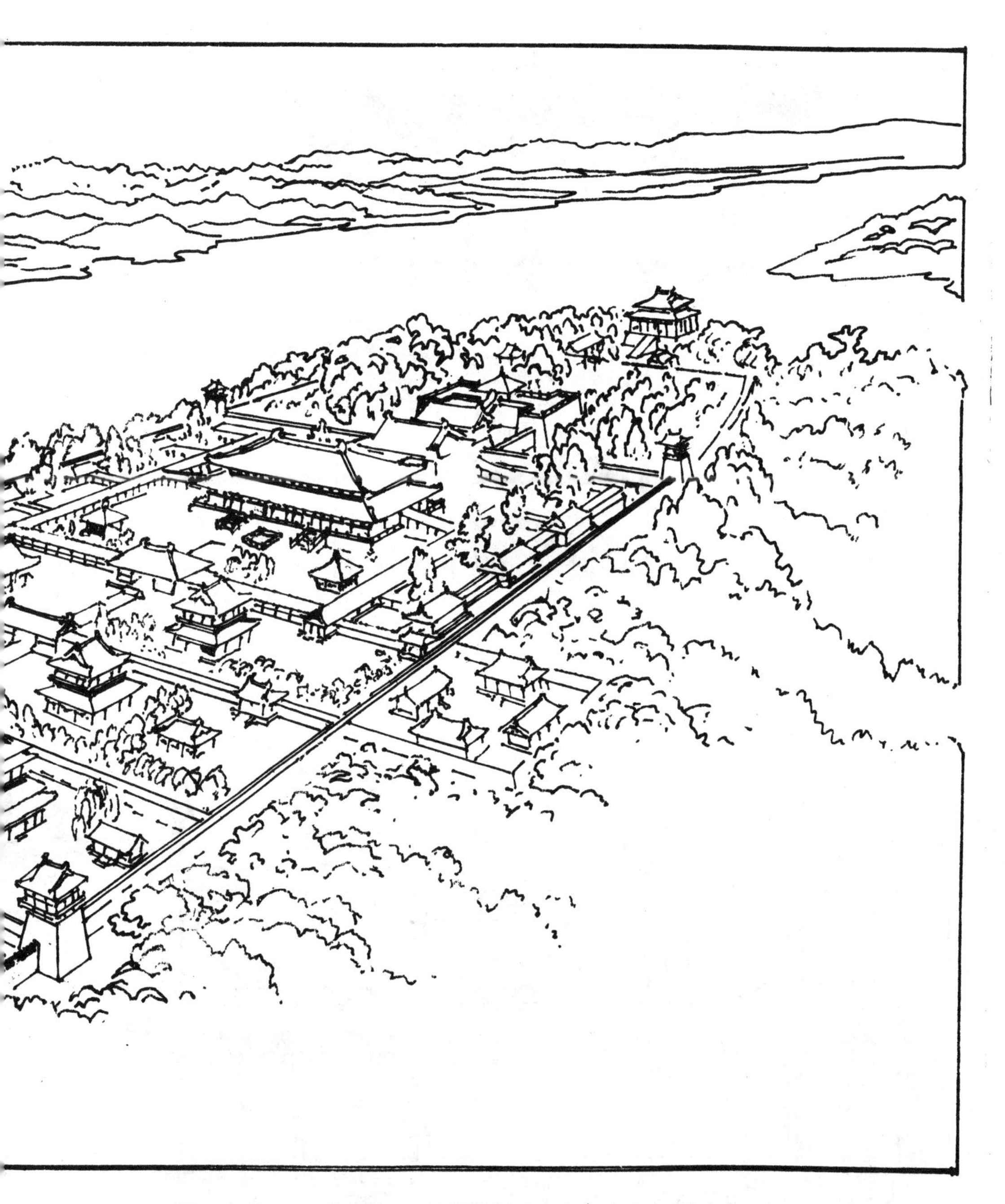

山西汾阳后土庙鸟瞰图（北宋）

山西大同华严寺普贤殿正面图（辽）

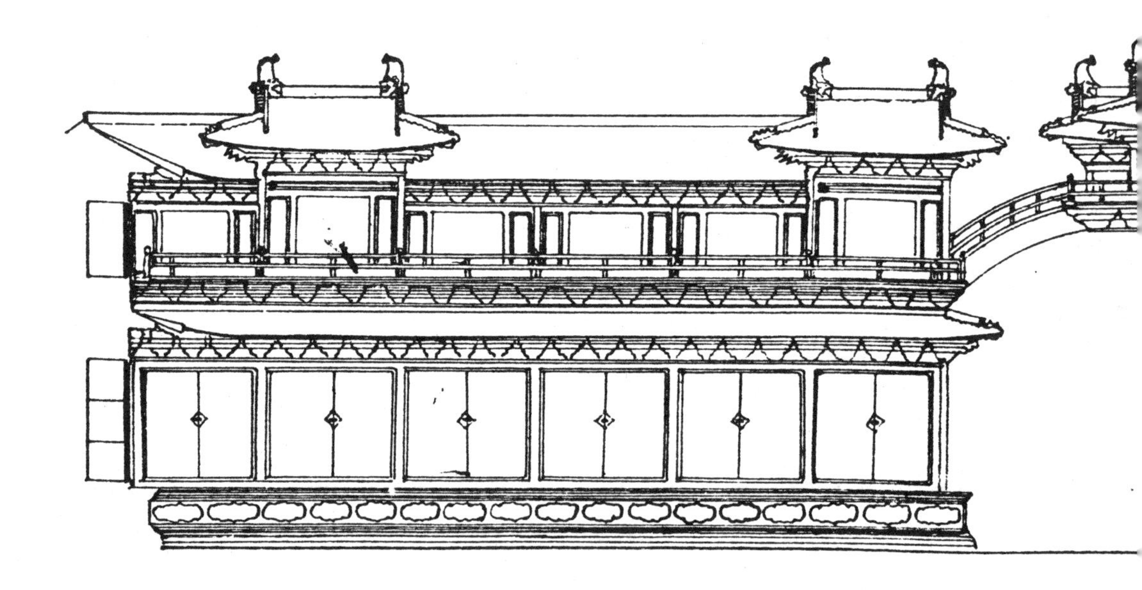

山西大同华严寺薄伽教藏殿

薄伽教藏殿建于辽重熙七年（公元1038年），殿身面宽5间，长26.65米，进深4间，20.1米。屋顶为单檐九脊翼飞式，主次分明，殿观古朴，是我国传统的木结构与斗拱结构相结合的产物。

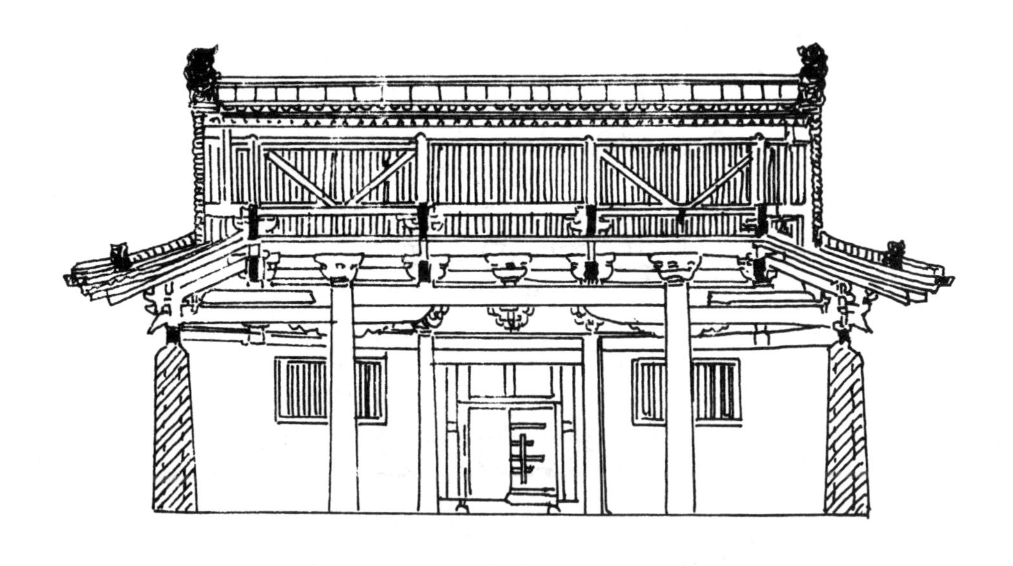

灵岩寺文殊阁前视纵断面图（金）

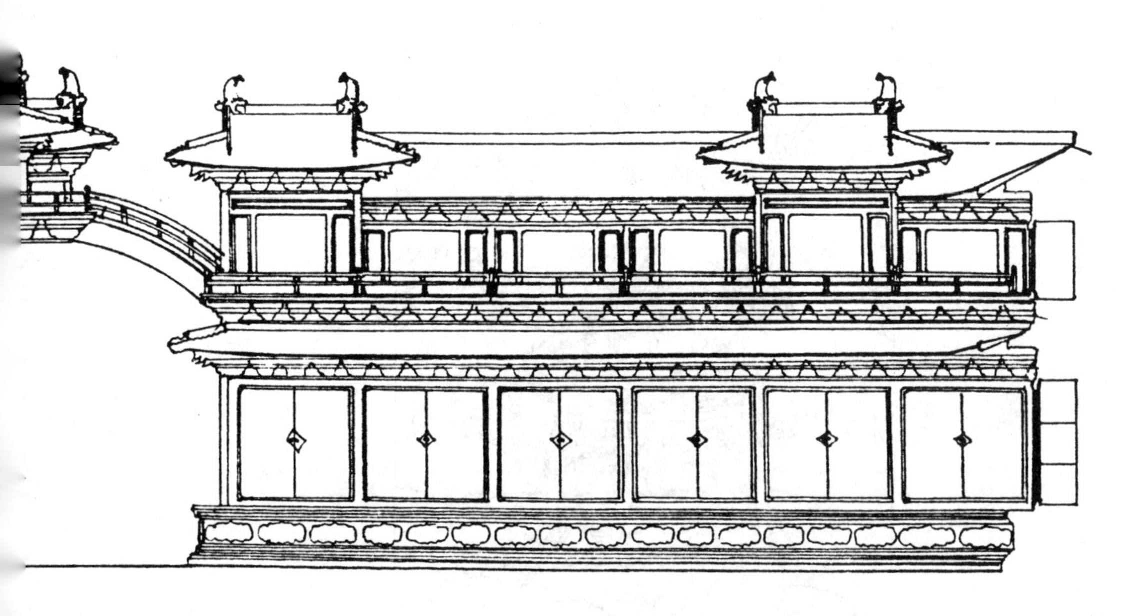

山西大同华严寺薄伽教藏殿立面图（辽）

《营造法式》中的乌头门（宋）

河北正定隆兴寺佛香阁塑壁后层阁（宋）

山西大同华严寺大雄殿门细部（辽）

山西大同华严寺大雄宝殿透视图（辽）

山西大同华严寺大雄宝殿

大雄宝殿在华严寺内北隅，是现存辽金时期最大的佛殿之一。殿身东向，大殿面阔九间，进深五间，单体建筑面积达1 559 平方米，矗立在4米余高的月台上。月台前正面置有石级，周围装勾栏，台上有一清式三间牌坊，左右分别是明代增建的六角钟鼓亭。大雄宝殿内采用减柱法构造，减少内柱12根，扩大了前部的空间面积，便于礼佛等各项活动。

《营造法式》所绘的建筑剖面图（宋）

中型院落

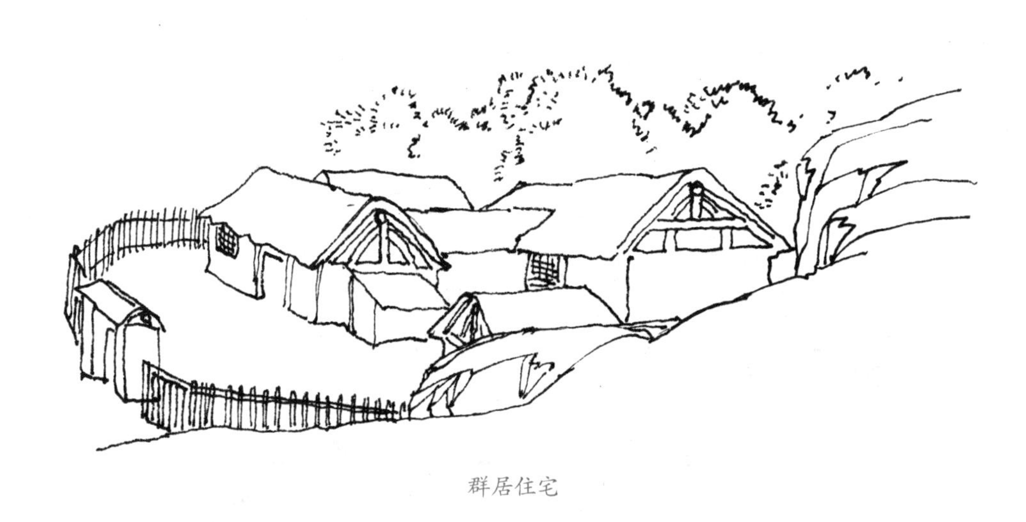

群居住宅

赵伯驹《江山秋色》所绘的大型及中型住宅（宋）

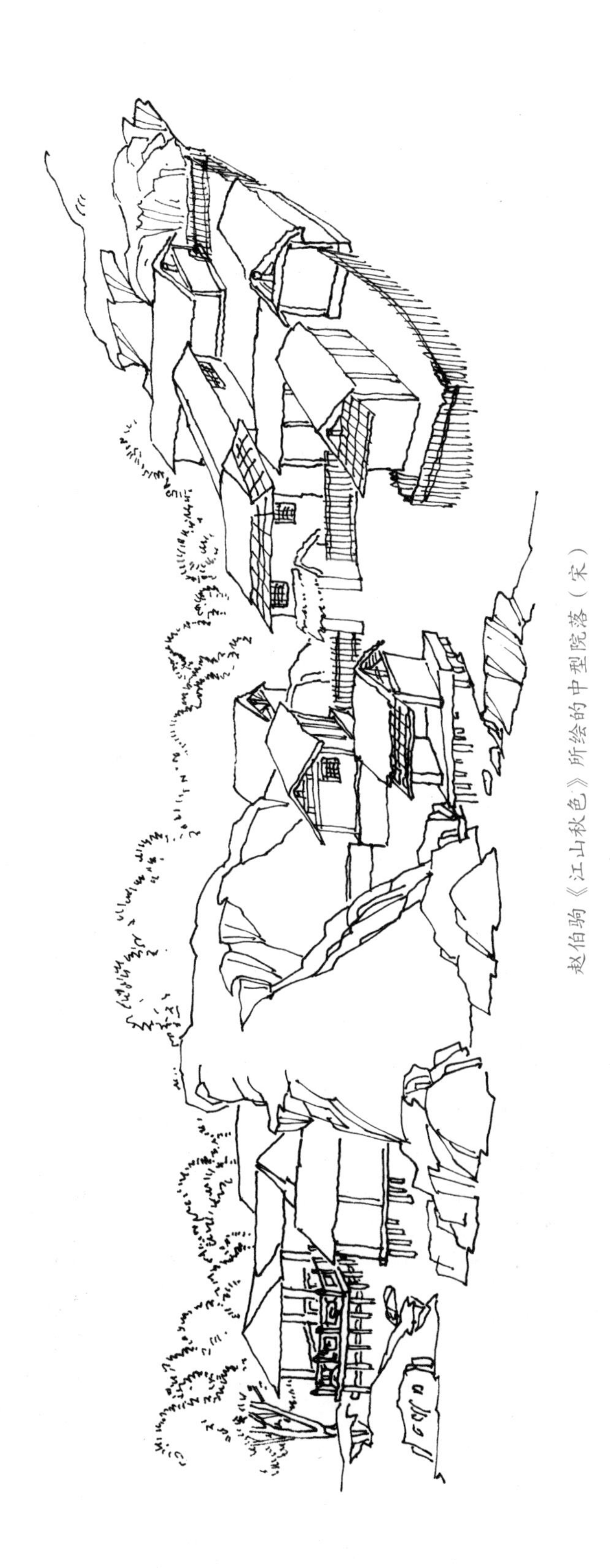

赵伯驹《江山秋色》所绘的中型院落（宋）

王希孟《千里江山图卷》所绘的村落（宋）

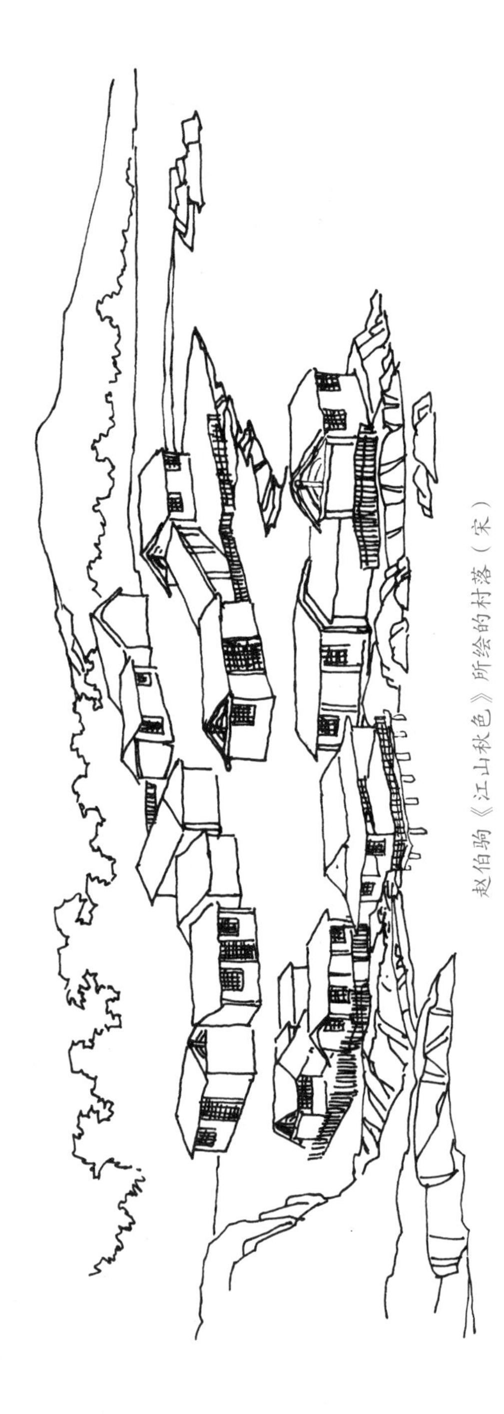

赵伯驹《江山秋色》所绘的村落（宋）

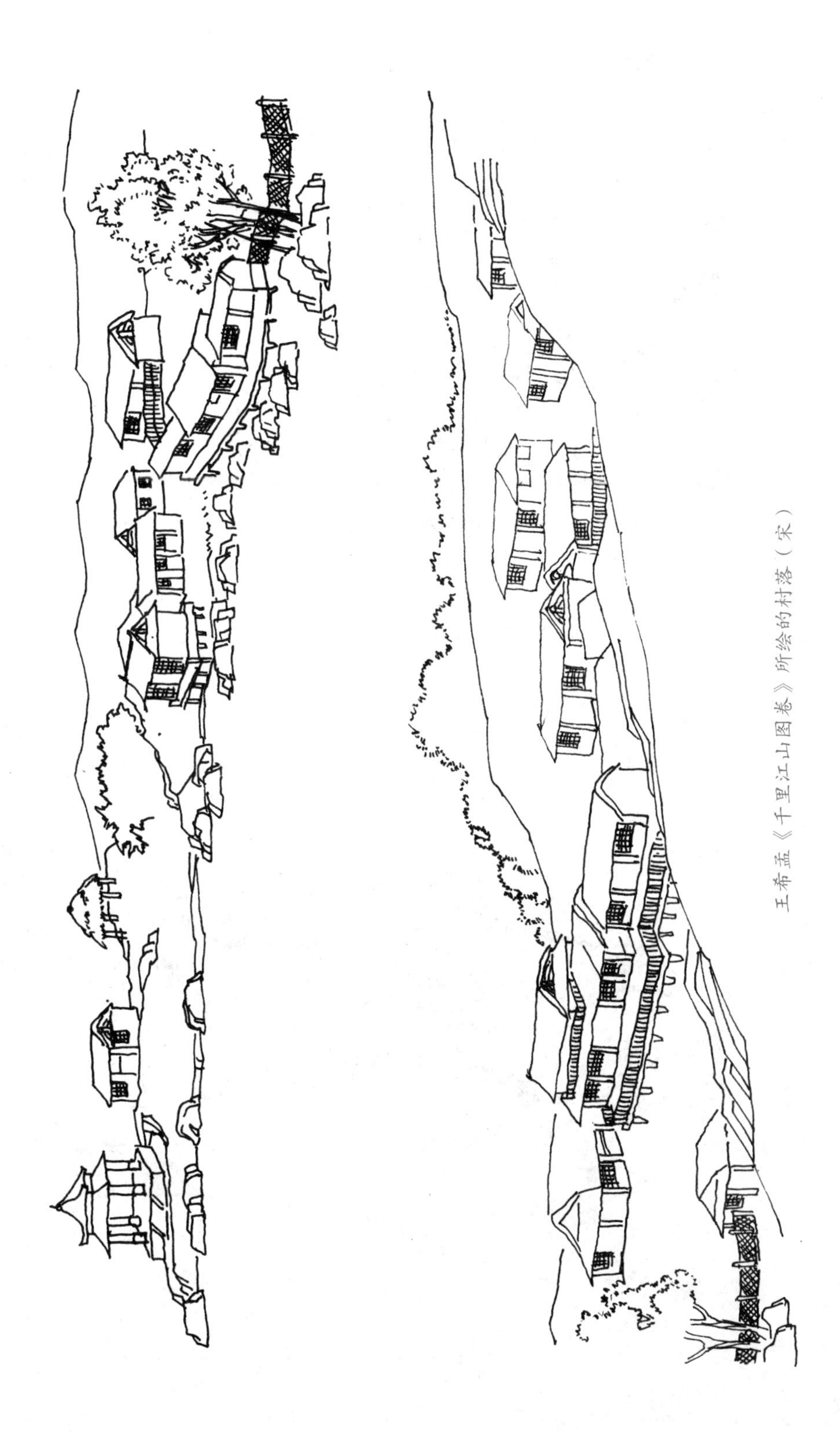

王希孟《千里江山图卷》所绘的村落（宋）

村落

小型城堡

赵伯驹《江山秋色》所绘的村落与小型城堡（宋）

二、隔扇、栏杆

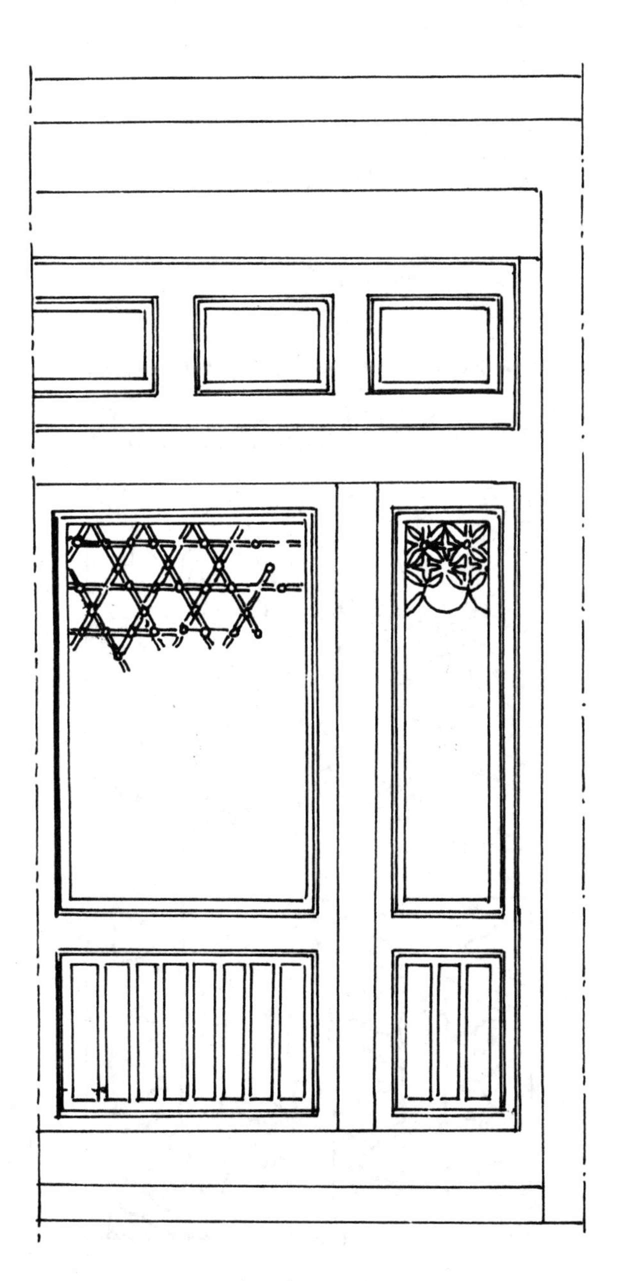

山西朔州崇福寺弥陀殿格门（金）

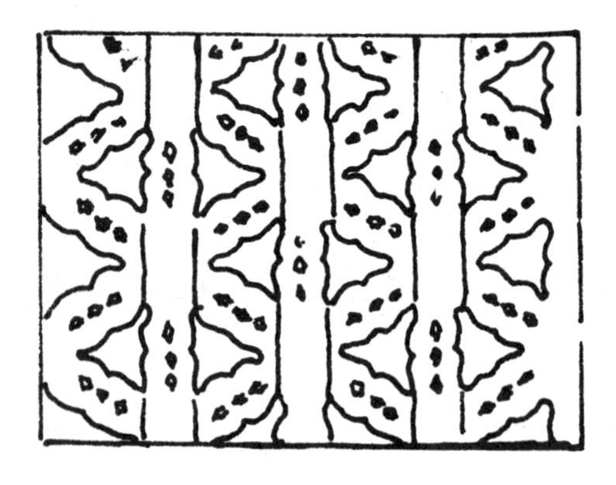

山西朔州崇福寺弥陀殿格门格纹细部（金）

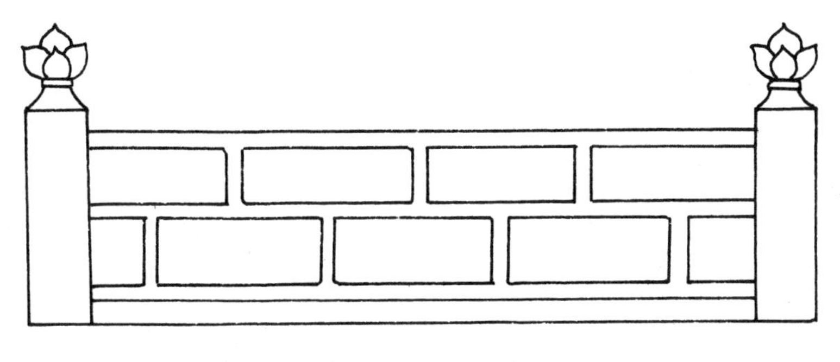

宋式砖纹栏板、栏杆

宋式番莲栏板、莲望柱栏杆

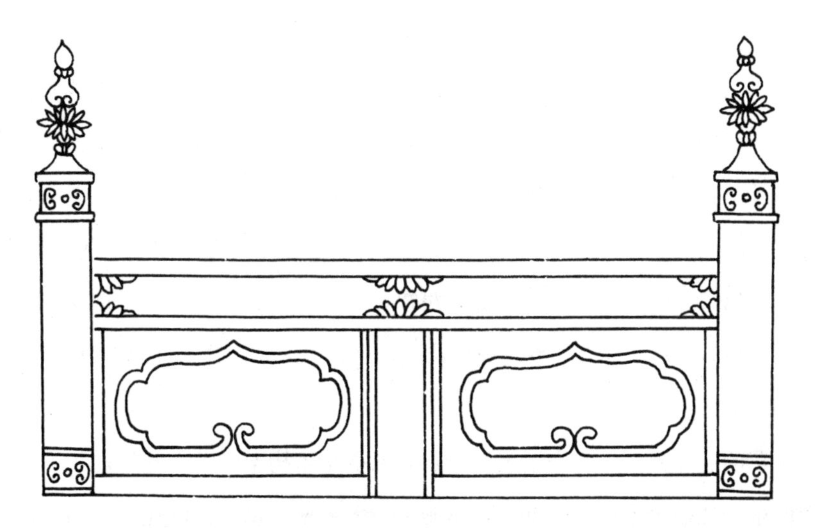

宋式壶门栏板菊花望柱栏杆

三、吻兽

殿宇屋顶的吻兽，是一种都附会了传统信仰装饰性的建筑构件。在中国古代社会中，构件的造型与安装位置，都蒙上了迷信色彩。《唐会要》中记载，汉代的柏梁殿上已有“鱼虬尾似鸱”一类的东西，其作用有“避火”之意。晋代之后的记载中，出现“鸱尾”一词。中唐之后，“尾”字变成“吻”字，又称为“鸱吻”。官式建筑殿宇屋顶上的正脊和垂脊上，各有不同形状和名称的吻兽，以其形状之大小和数目之多少，代表殿宇等级之高低。

吻兽通常是置于古代大型建筑屋脊上的“避邪物”，传说可以驱逐来犯的厉鬼，守护家宅的平安，并可冀求丰衣足食、人丁兴旺。为此，不论是建筑等级高或低的宅主均在戗脊端、角脊上饰有“龙”来避邪，并以此来显示宅主的职权和地位。

吻兽的功能与用途

中国古建筑多是以木材为骨架的。古时，火灾是木构建筑的最大威胁，防火始终是一个令人头痛的问题。汉代，宫廷经常发生火灾，殿宇楼阁常被焚毁。道士们献计献策，提出要在屋顶上施镇压之物以禳火灾。因此，古人把鸱吻置于屋脊之上以避火灾。直到清代，在国家工程中，还保留着十分郑重庄严的迎吻仪式。每当修建宫殿时，负责营造的工部官员以鼓乐、彩亭、仪仗等，自琉璃窑厂迎脊龙（正吻等）入宫，叩首焚香，倍极恭敬，名为“迎吻”或“迎鸱”，可见鸱吻在古人心目中的重要地位。

吻兽的起源并非单纯为了装饰。正脊两端是木构架的关键部位，为了使榫卯结合的木构件接合紧密，需要在这里施加较大重量，以后就演化为正吻。这些小兽是固定正脊、岔脊的构件，在结构上稳固了屋脊和瓦垄，具有防止屋脊滑动的作用，是中国古代建筑不可缺少的一部分。这些小兽经风吹日晒数百年，一直牢牢地屹立在殿脊上。琉璃吻兽在建筑上还有其他特殊功能。正脊和檐角是殿顶两坡的交汇点，雨水从交汇点的缝隙容易渗入。吻兽在此起到严密封固瓦垄的作用，使脊垄既稳固又不渗水。为了防止各斜脊瓦件的下滑，使用了钉子把它们钉到大木结构上，又为避免钉孔漏雨，便加盖钉帽，古代匠师巧妙地把钉帽加以美化，就形成了各斜向屋脊的吻兽。吻兽类的装饰大大丰富了中国古代建筑的屋顶轮廓。

脊兽按其口的朝向，可分为两类：一类是口向下，呈含脊状，称为“螭吻”“鸱吻”；另一类是口向上，或张嘴，或闭嘴，叫作“垂兽”“望兽”“蹲兽”。

吻兽的数目定制

吻兽是中国古代建筑屋脊上的兽形装饰。在正脊两端的称为“正吻”，又可称为“鸱尾”“鸱吻”或“吻兽”；在垂脊和戗脊端部的称为“垂兽”和“戗兽”；在转角部岔脊上的众多小兽称为“仙人走兽”；仔角梁头上有一枚套兽；重檐屋顶的下檐正脊在转角有“合角吻兽”。

吻兽排列有着严格的规定。按照建筑等级的高低而有数量的不同，最多的是故宫太和殿上的吻兽装饰。这在中国宫殿建筑史上是独一无二的，显示了至高无上的重要地位。在其他古建筑上一般最多使用 9 只走兽。这里有严格的等级界限，只有金銮宝殿（太和殿）才能十样齐全。中和殿、保和殿都是 9 只。其他殿上的小兽按等级递减。天安门上也是 9 只小兽。

垂兽及行什

行什

龙

凤

押鱼

仙人及方眼勾头及搭头

斗牛

狮子

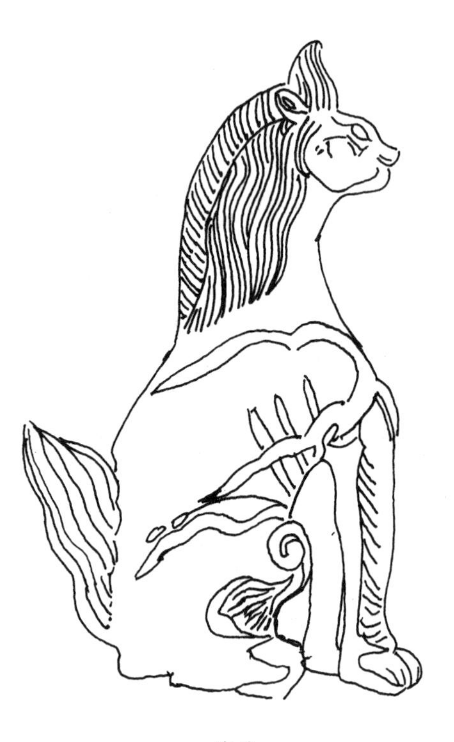

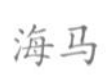

海马

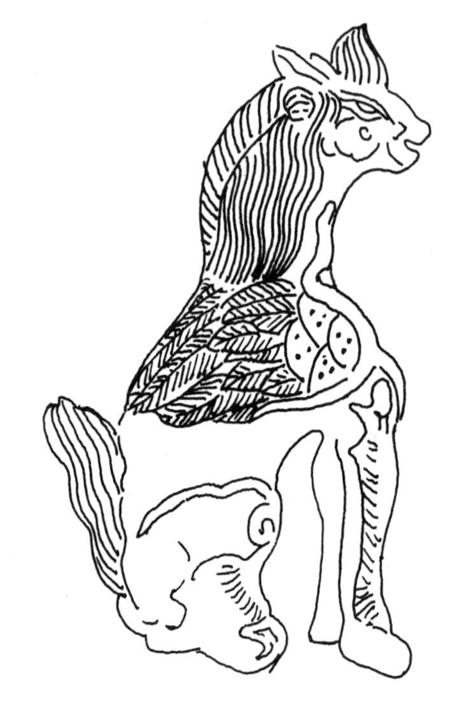

天马

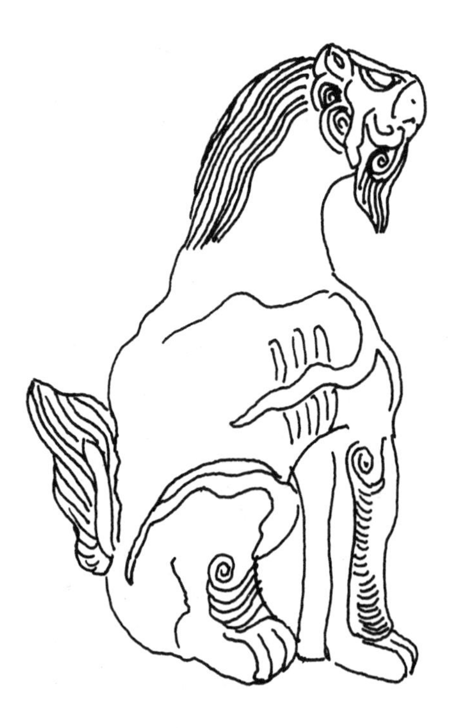

狻猊

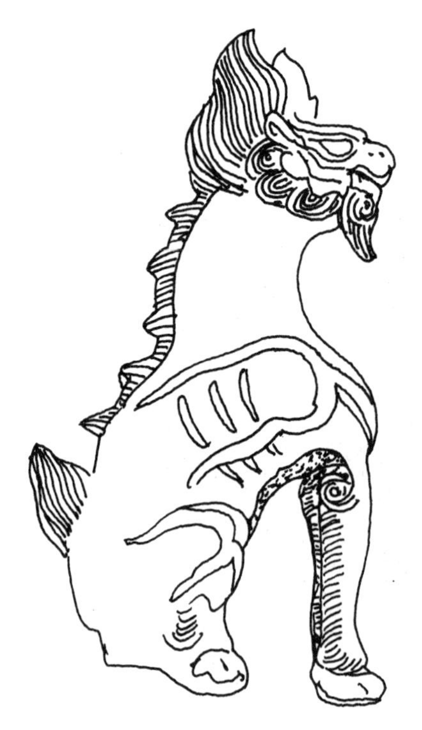

獬豸

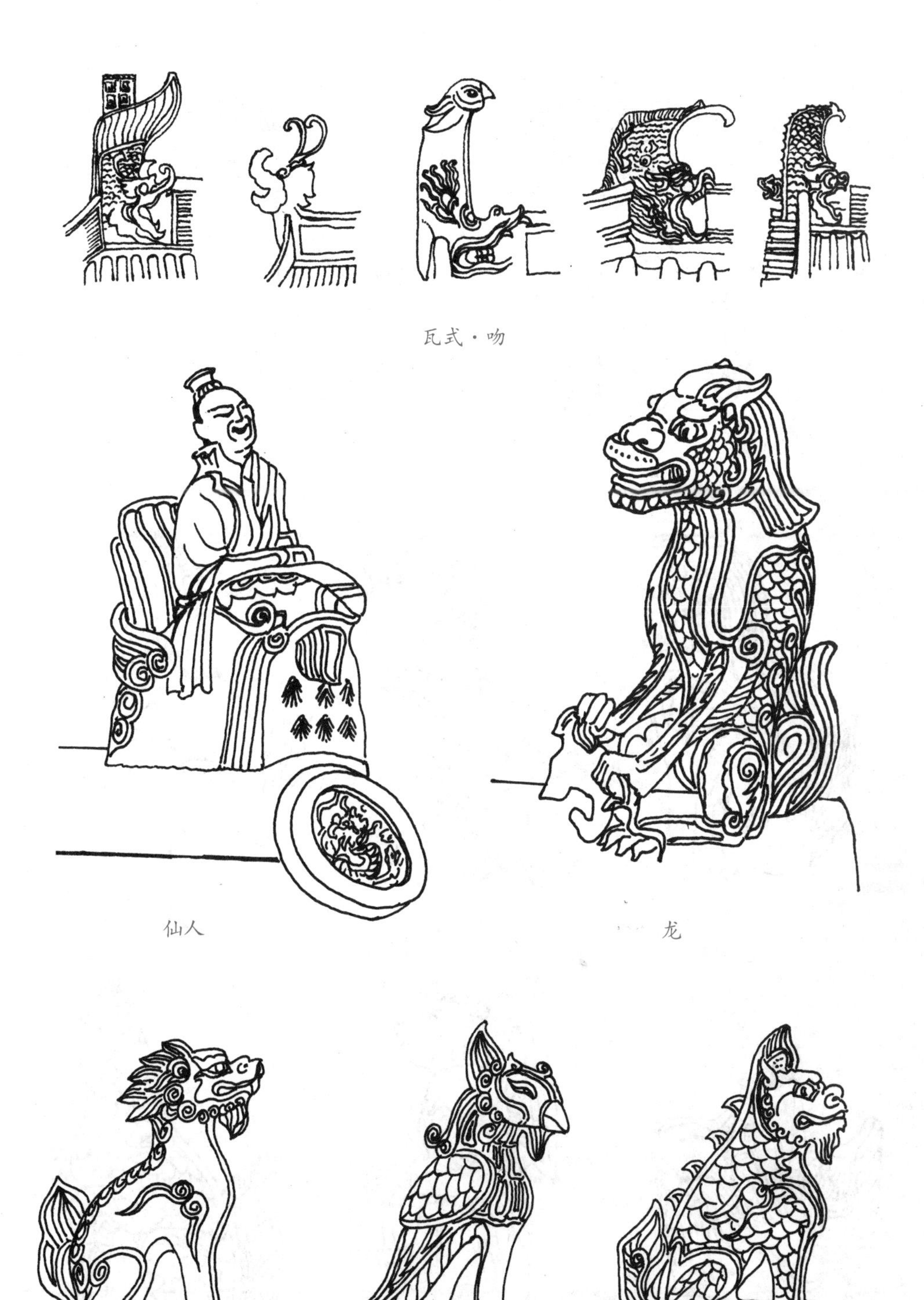

瓦式·吻

仙人　　龙

狮　　凤　　龙

海马 狮子

狻 押鱼 天马

仙人 行什 斗牛

吻（唐）

吻（宋）

吻（唐）

四、斗拱

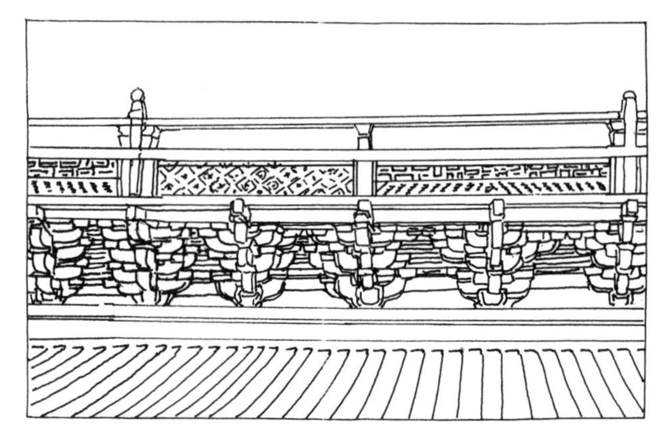

华严寺壁藏平座内转角栏杆（辽）

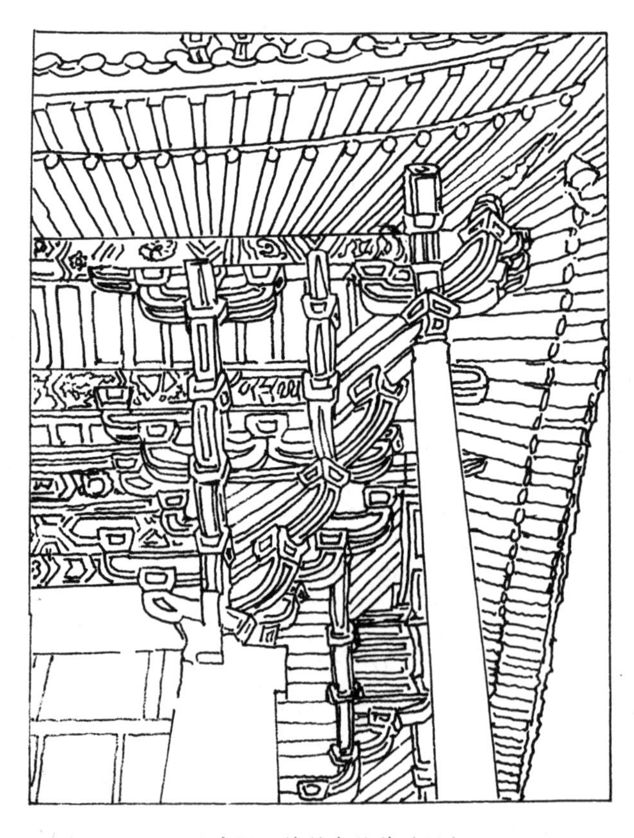

观音阁下檐转角铺作（辽）

天津蓟州独乐寺观音阁内部仰视（辽）

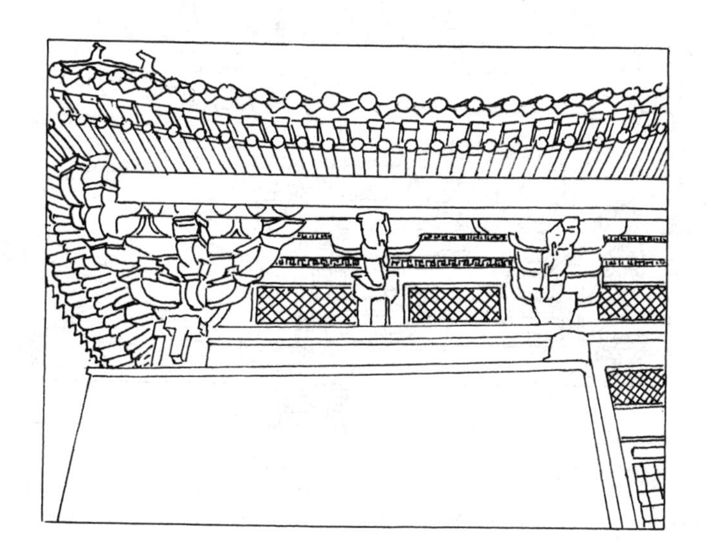

天津宝坻广济寺三大士斗拱（辽）

华严寺壁藏平座内转角栏杆（辽）

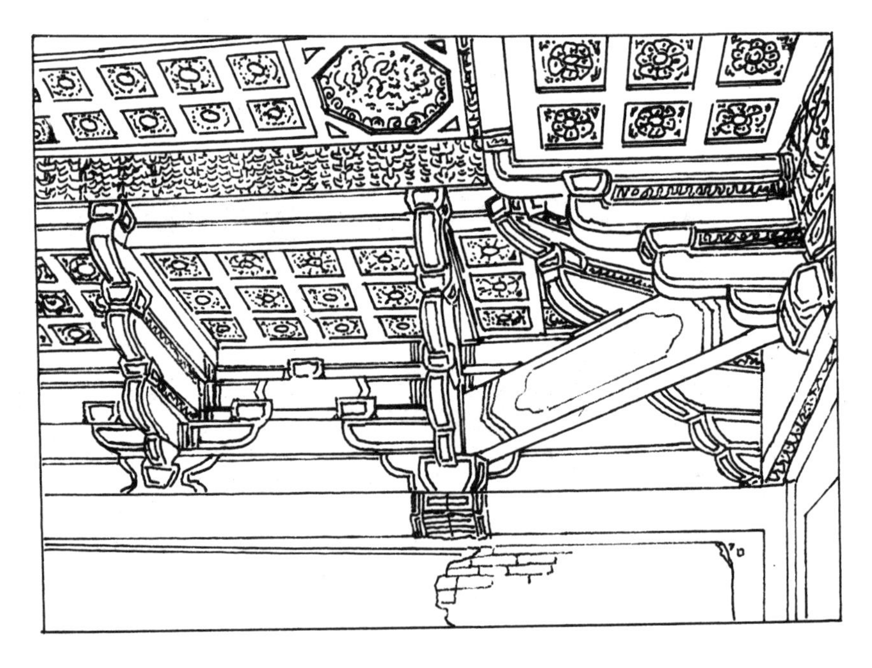

河北易县开元寺观音殿内部斗拱（辽）

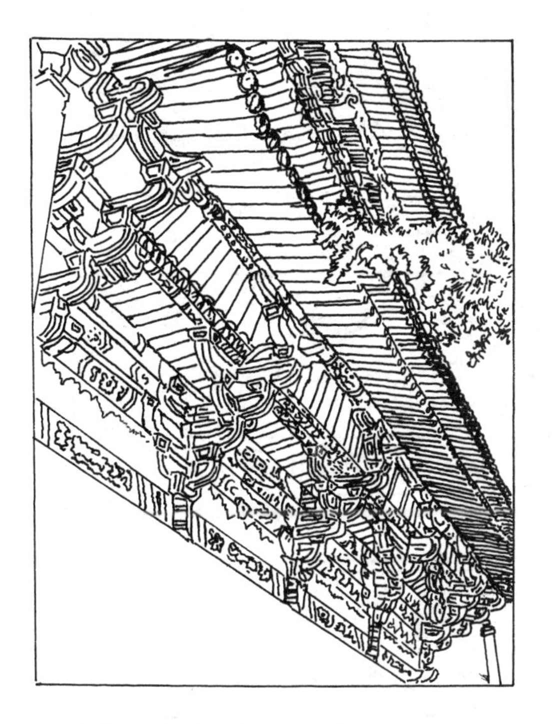

天津蓟州独乐寺观音阁外下檐山面斗拱（辽）

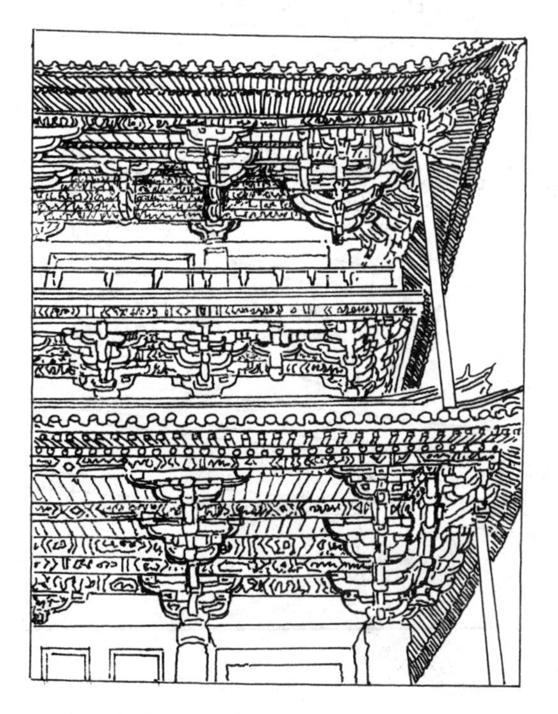

天津蓟州独乐寺观音阁外檐斗拱（辽）

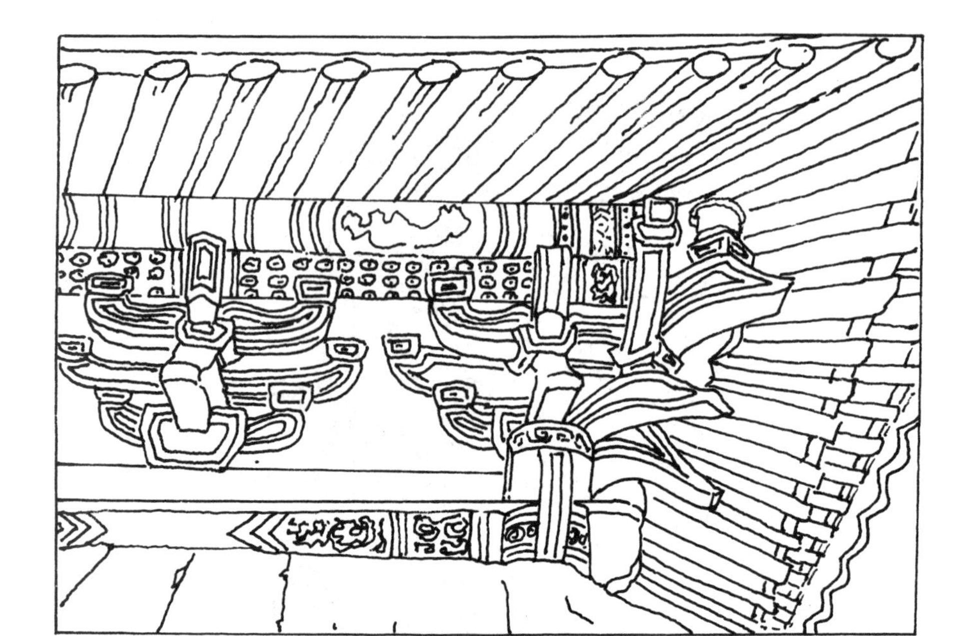

河北安平圣姑庙元殿外檐斗拱（元）

河北安平圣姑庙木塔副阶柱头及补间铺作

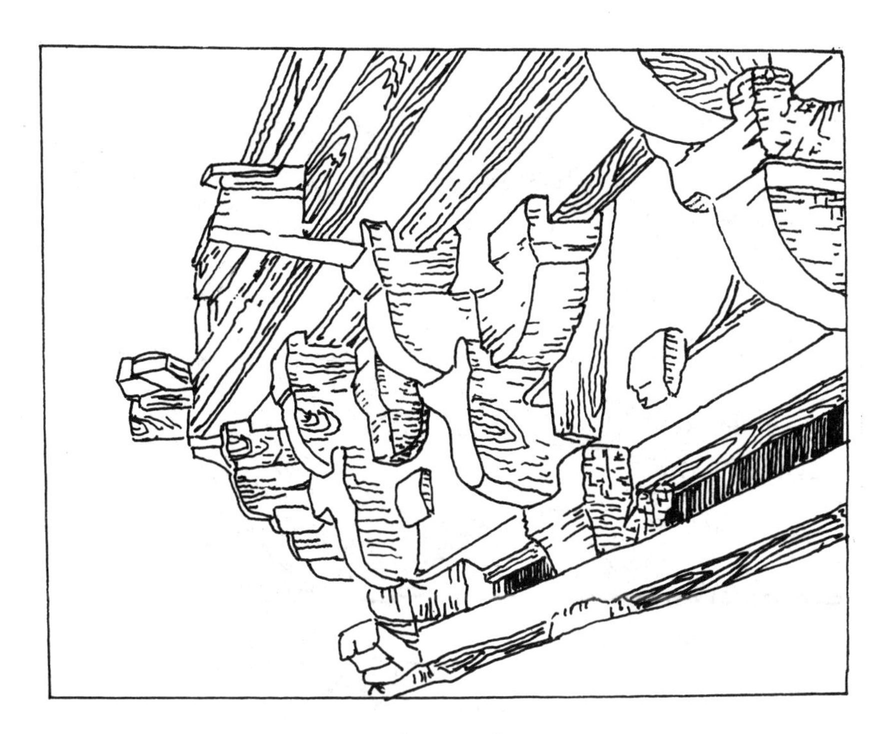

木塔第五层平座斗拱

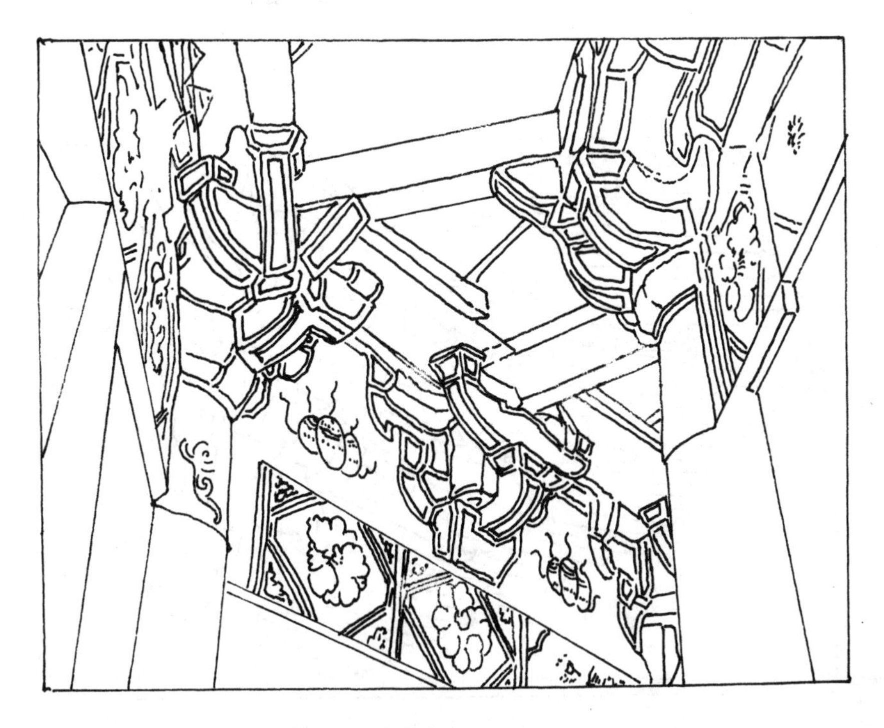

六和塔外檐第一层斗拱

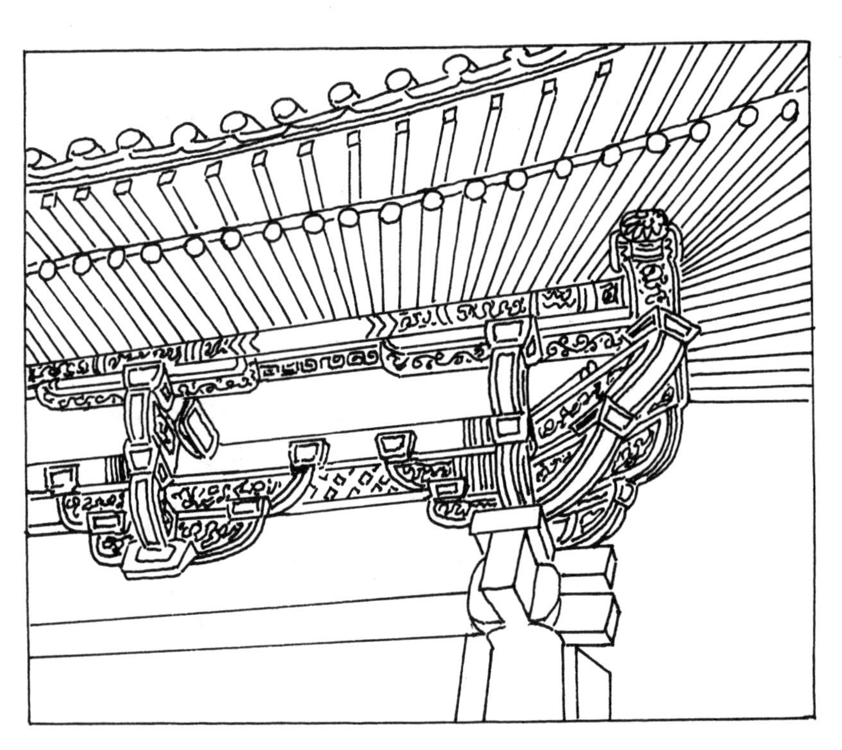

河北易县开元寺药师殿斗拱（辽）

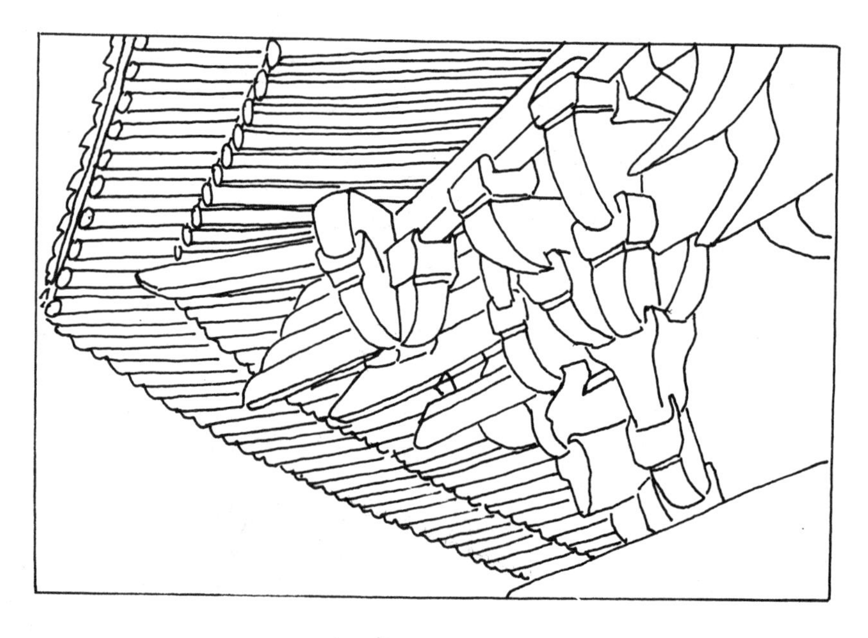

木塔第一层转角铺作

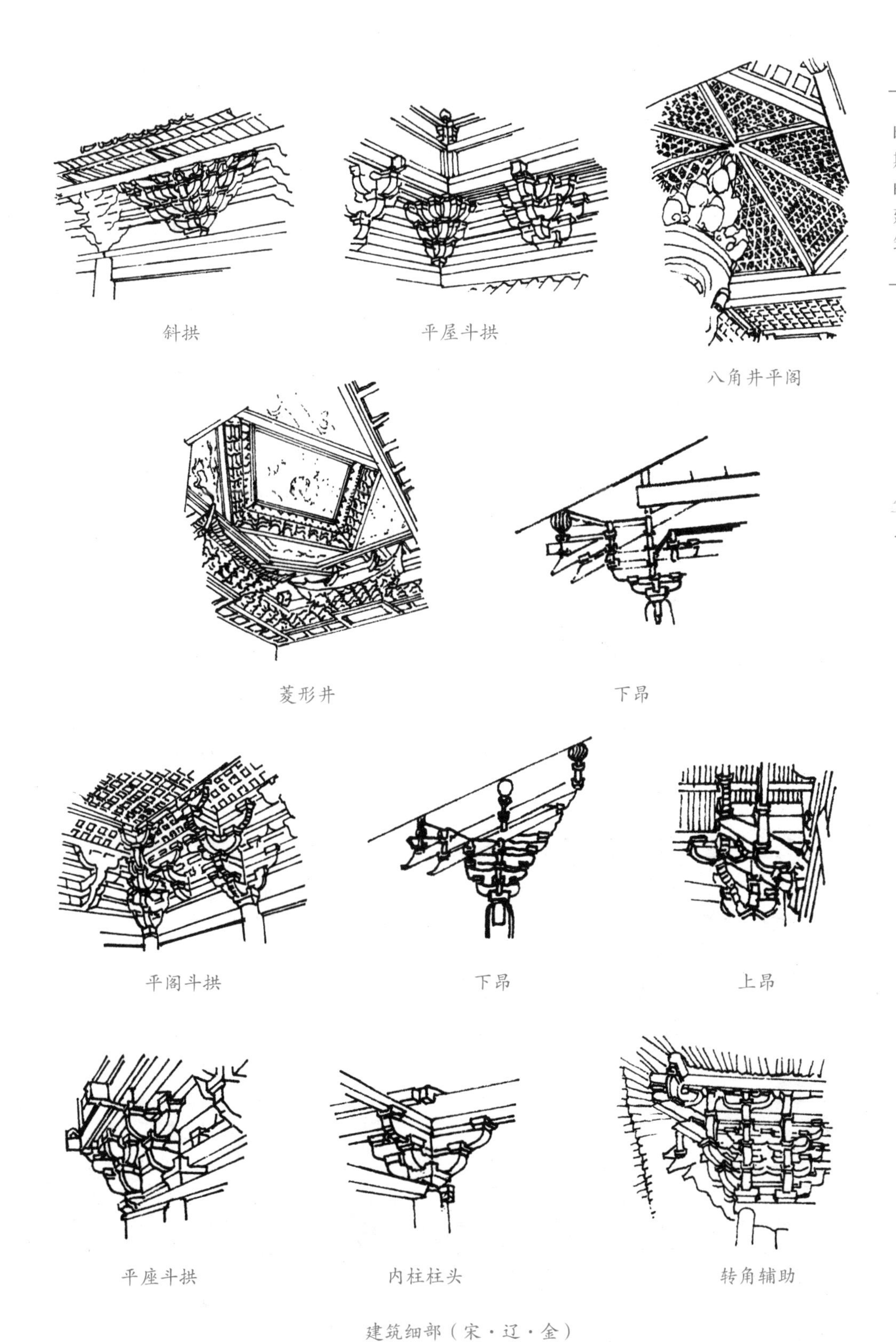

建筑细部（宋·辽·金）

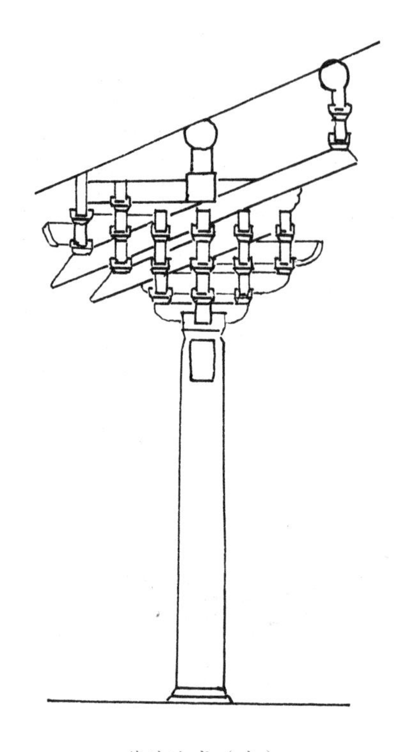

营造法式（宋）

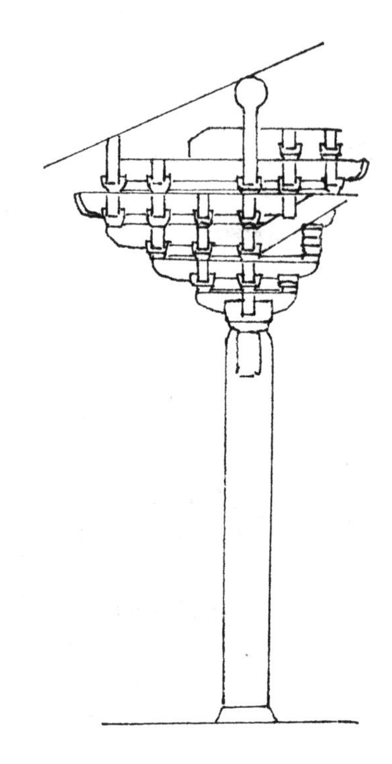

营造法式（宋）

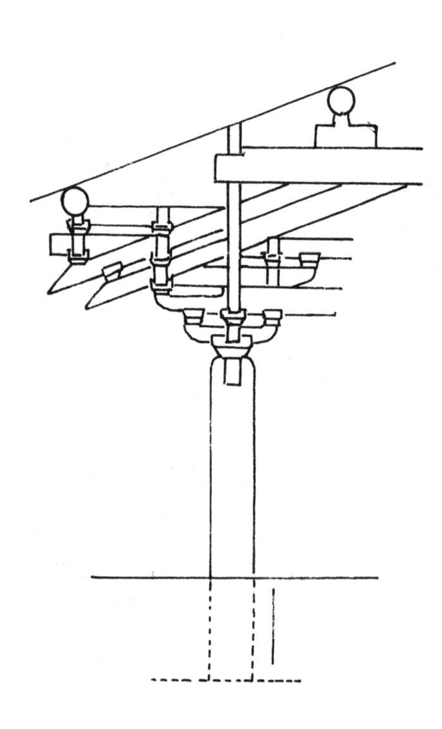

观音阁上檐（辽）

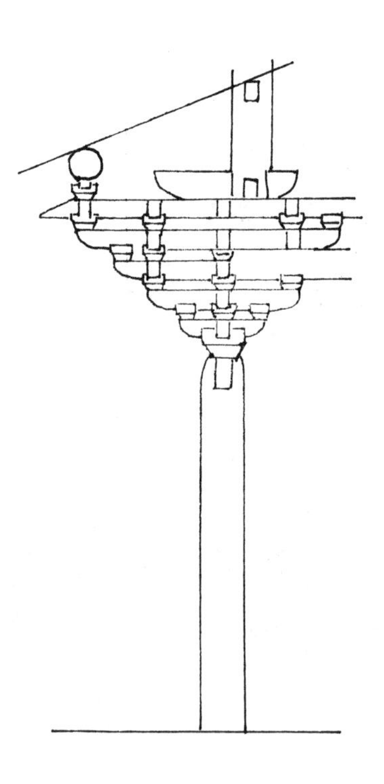

观音阁下檐（辽）

五、彩绘纹样

彩绘在我国已经有很久的历史了，在我国古代称为“丹青”。古代原始人最早开始采用木炭或者有机颜料在石头上面进行绘制，这是现代彩绘前期的形态。在我国开始出现建筑物之后彩绘壁画随之被绘制于建筑物上，大约在十四五世纪的时候，随之宗教事业的发展，各种代表宗教含义的图案被生动的绘制于建筑物和墙面上，绘制的图案多有宗教特定的题材含义，起到了装饰宗教建筑物的作用，从而使宗教建筑物更加蒙上了一层严肃而神圣的面纱。

在中国古代建筑上的彩绘主要绘于梁和枋、柱头、窗棂、门扇、雀替、斗拱、墙壁、天花、瓜筒、角梁、椽子、栏杆等建筑木构件上。绘制区域以梁枋部位为主。成语“雕梁画栋”便由此而来。彩绘后来传到朝鲜半岛和日本，被他们广泛运用并发扬光大。

中国建筑中彩绘的运用可以追溯到春秋时期，那时候的诸侯卿大夫在物质生活得到满足后，开始追求精神生活，琴棋书画在那个时候都在贵族中很盛行。彩绘自隋唐期间开始大范围运用，到了清代进入了鼎盛时期，清代的建筑物大部分覆盖了精美复杂的彩绘。

作为中国最古老的漆器工艺品种，江苏扬州在秦汉时期就已有很高的彩绘制作水平和较大的生产规模。其工艺采用中国大漆与入漆色调制成各种色彩，按画面及工艺要求绘制在髹好的漆面上，装饰在各类壁画、屏风、家具和各种礼品、纪念品等产品上，用笔渲染细腻，图案纹样精致优美，栩栩如生，可反映古今不同时代的画面，色彩雅致，气韵生动，具有中国工笔重彩画的特色。

彩绘的表现有门神的描绘以及栋、梁、枋、拱等部位的绘饰。

门神彩绘常见于寺庙宗祠，有各种门神，因祀神不同，门神的绘像也不同，比如妈祖庙多绘千里眼、顺风耳或是宫娥侍女；佛寺多绘哼哈二将、“风调雨顺”四大天王或是韦陀、伽蓝等图像；宗祠家庙常画秦叔宝、尉迟敬德等武将。

梁柱上的彩绘有平涂彩绘和擂金画两种。一般在施画之前，常要应用“披麻

捉灰”的手续，即是先在木材表面抹灰打底，填补裂缝，然后披上麻布，刷灰，再上桐油漆，使得木材表面平整才方便作画，这样也可防止虫蛀腐蚀。

彩画通梁，通常会依比例分成“箍头”“藻头”，以及“枋心”，一般区分成五段，描绘的题材常常是山水、花鸟、人物，或是太极八卦。在颜料的选择上，一定是选取天然的植物或矿物性原料，比如银朱、松烟、石青、佛青、石绿、黄丹、藤黄、雄黄、赭石、朱砂等，因此色泽自然温润，历久不褪，有的再贴上金箔，产生金碧辉煌的效果。

另有一种“描金画”，是以黑漆作底，然后以笔沾金粉作画，或是贴上金箔，形成高贵、典雅、稳重的气质。

一般民宅的墙壁彩绘常见于正厅两边的板堵，有用描金画的，也有用平面彩绘的，取材常是四季花及瓶案、如意等，象征富贵吉祥之意。

古建彩绘跟着社会的发展而发展，经由秦、汉、魏、晋、南北朝、隋、唐、宋、元、明、清等朝代，由简朴到复杂，由初级到高级。早在先秦就已经有在木结构建筑上施红色涂料的记载；秦汉时，在宫殿的柱子上涂丹色，在斗拱、梁架、天花等处施以彩绘，其装饰图案多为龙、云纹，并逐渐采用锦纹；南北朝时，受佛教艺术的影响，又产生了新的建筑装饰图案；宋代彩画多用叠晕画法，使颜色由浅到深或由深到浅，变化柔和，没有生硬感，表现出淡雅的风格。

甘肃敦煌莫高窟第400窟藻井图案（宋）

甘肃敦煌莫高窟第 61 窟、第 367 窟边饰图案纹样（宋）

建筑彩画纹样（宋）

建筑彩画纹样（宋）

建筑彩画纹样（宋）

建筑彩画纹样（宋）

建筑彩画纹样（宋）

建筑彩画纹样（宋）

9　八角井

1

2

7

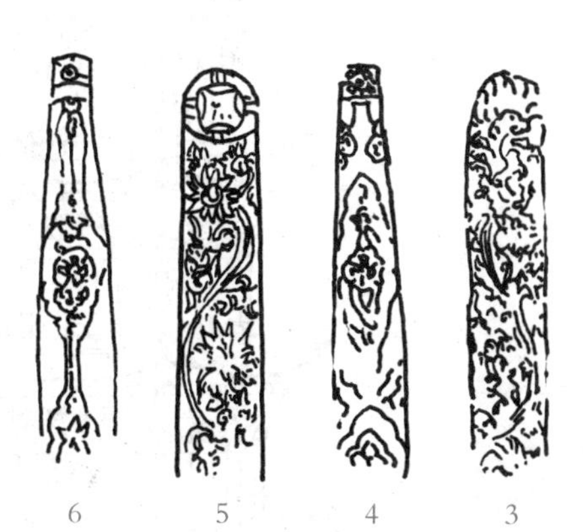

6　5　4　3

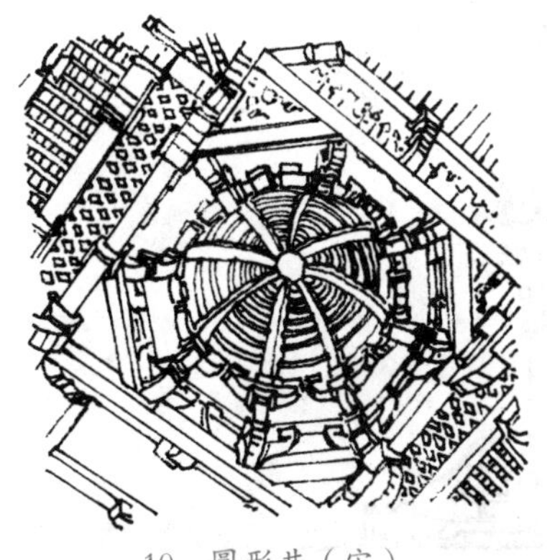

10　圆形井（宋）

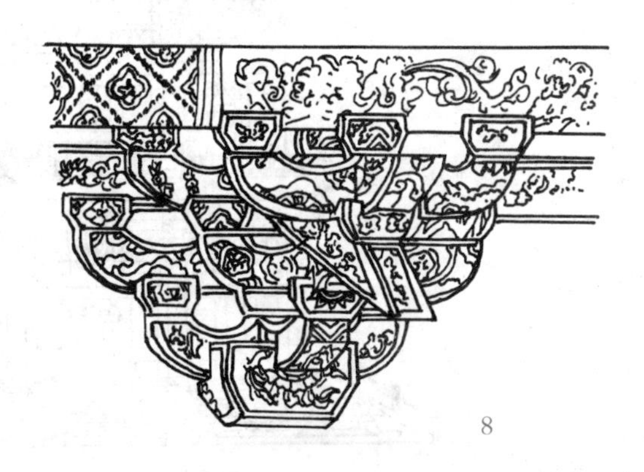

8

1～8《营造法式》彩绘纹式（宋）
9～10　藻井建筑细部

六、古塔、幢

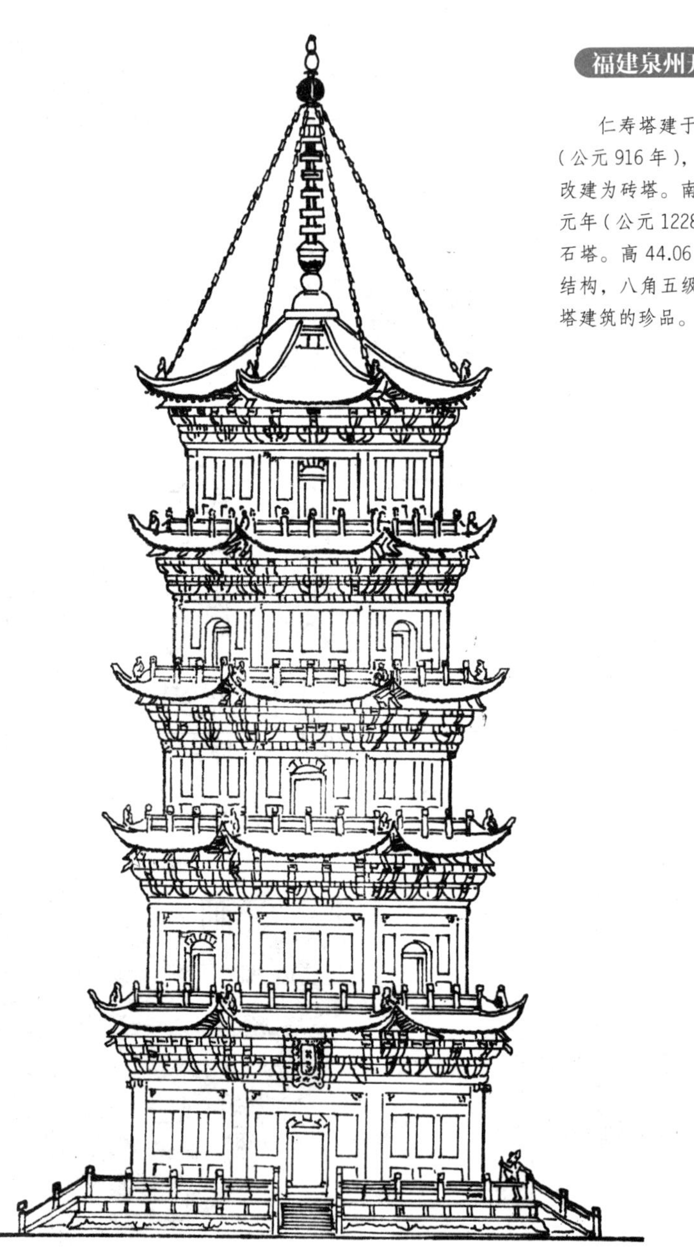

福建泉州开元寺仁寿寺塔立面图（南宋）

福建泉州开元寺仁寿塔

仁寿塔建于五代后梁贞明二年（公元916年），初为木塔。北宋时改建为砖塔。南宋绍定元年至嘉熙元年（公元1228—1237年）改建为石塔。高44.06米，仿楼阁式木塔结构，八角五级，巍峨壮丽，为石塔建筑的珍品。

河北涿州砖塔及斗拱

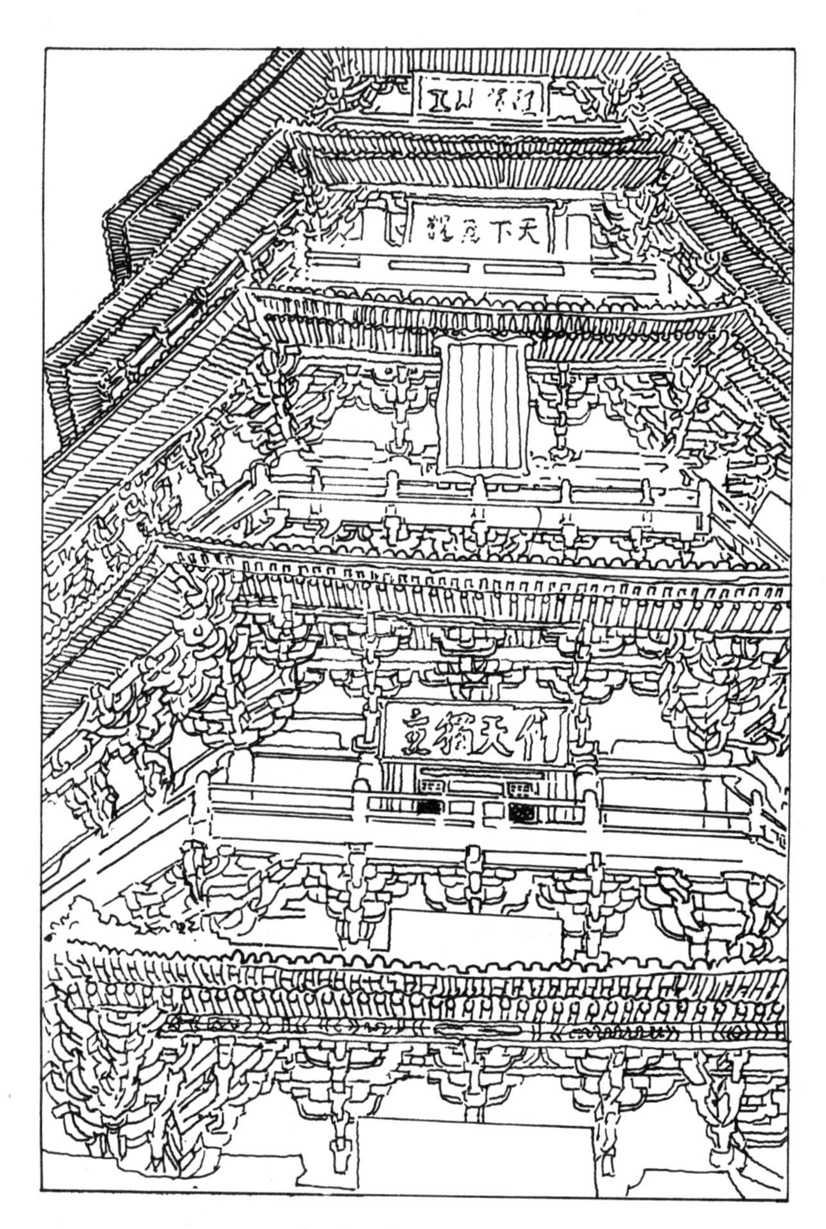

山西应县佛宫寺释迦木塔各层斗拱

应县佛宫寺释迦木塔

释迦塔全称佛宫寺释迦塔，位于山西朔州应县县城西北佛宫寺内，俗称应县木塔。建于辽清宁二年（宋至和三年，公元 1056 年），金明昌六年（南宋庆元元年，公元 1195 年）增修完毕，是中国现存最高最古的一座木构塔式建筑。释迦塔位于寺南北中轴线上的山门与大殿之间，属于“前塔后殿”的布局。塔建造在 4 米高的台基上，塔高 67.31 米，底层直径 30.27 米，呈平面八角形。

江苏苏州报恩寺塔

报恩寺塔又称“北寺塔”，内部为双层套筒，八角塔心内各层都有方形塔心室，木梯设在双层套筒之间的回廊中；各层有平座栏杆，底层有副阶（围绕塔身的一圈廊道）。这些，都与山西释迦塔相仿。但副阶屋檐与第一层塔身的屋檐是一坡而下，没有重檐。

江苏苏州报恩寺塔（南宋）

内蒙古宁城中京小塔（金）

内蒙古宁城中京大明塔（金）

松江方塔

松江方塔位于上海松江城厢镇东南的方塔寺内。该寺建于五代后汉乾祐二年（公元949年），北宋熙宁、元丰、元祐年间（公元1068—1094年）造塔，砖木结构，九级方形，高42.5米。在形态结构上，因袭唐代砖塔风格，砖身每层四面辟壶门，门内通道上施叠涩藻井，内室用券门。斗拱大部分保留宋代原物；券门上的月梁，外檐之罗汉枋、撩檐枋等均为原物，是江南古塔中保存原有构件较多的一座。

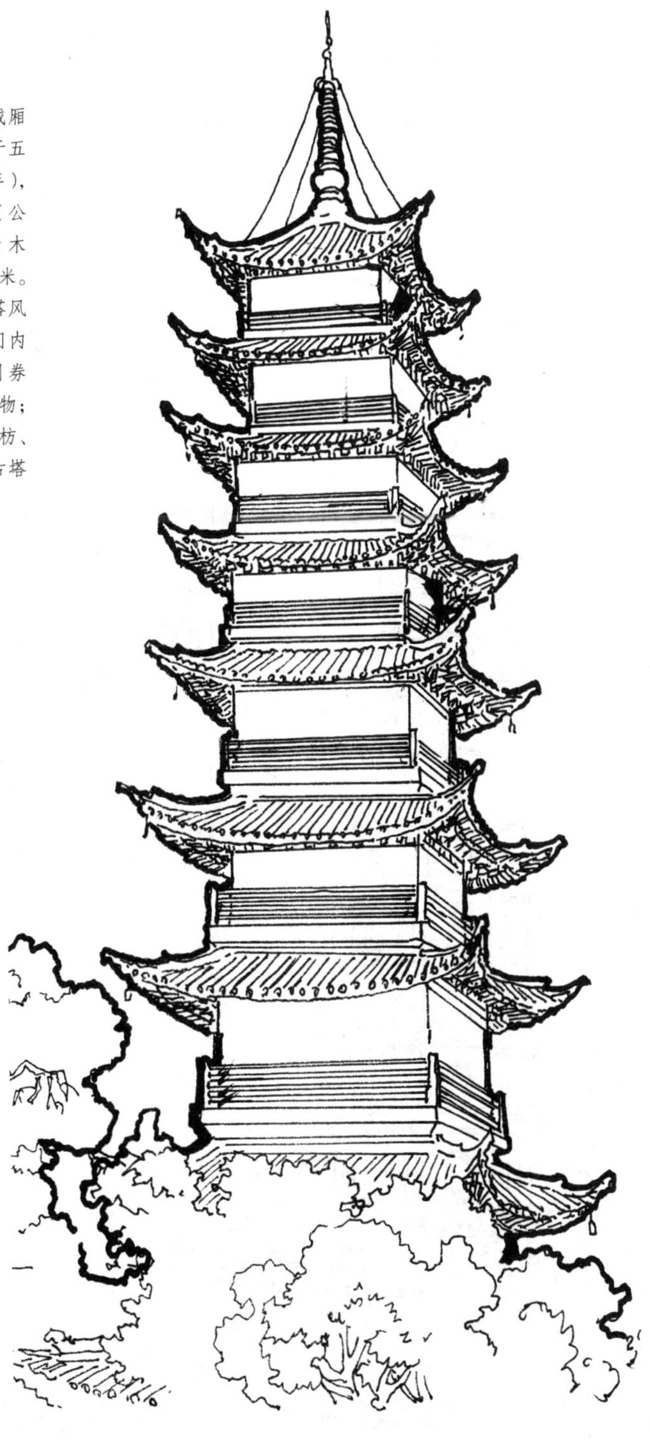

上海松江方塔（北宋）

龙江祝圣宝塔

祝圣宝塔位于福建福清龙江街道水南村南涧寺后面，俗名水南塔。始建于宋宣和年间（公元1119—1125年），明代曾进行重修。于是，这座古塔有两种格调。塔腹系直筒式，一至三层，石级呈螺旋状，盘旋而上，古朴庄重，属北宋建筑风格；四至七层，双向开方形门，塔内曲尺形石阶直达塔顶，属明代建筑风格。

福建福清龙江祝圣宝塔（宋）

海宝塔

海宝塔又称赫宝塔、黑宝塔。因其与银川市西的承天寺塔遥遥相对，又俗称北塔。海宝塔塔身坐落在宽敞的方形六基上，连同台基总共十一级，通高54米，塔身呈正方形，四面中间又各突出一脊梁，呈“亚”字形。由塔基、塔座、塔身、塔刹构成，整个塔的建筑外形线条明朗，层次分明，风格古朴、粗犷，且塔内有木梯盘旋上升，直至塔顶。

宁夏银川海宝塔（宋）

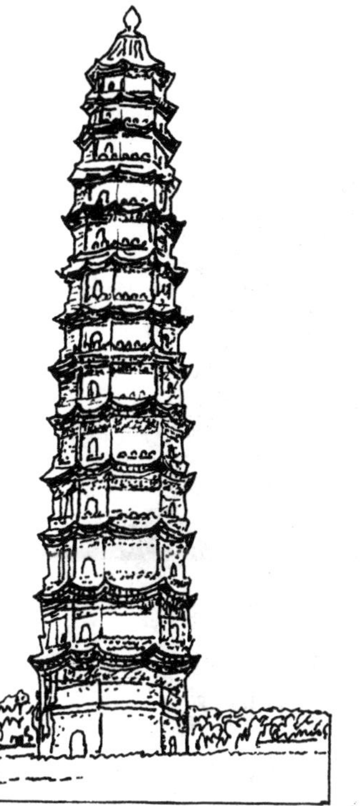

河南开封铁塔（北宋）

开封铁塔

铁塔塔身为八角，13层，楼阁式，基座及八棱方池因黄河泛滥埋淤地下。塔外壁采用28种仿木结构的模制琉璃雕砖砌成；各层出檐以重杪计心五铺作斗拱承托；底层东、西、南、北各辟一闺形门；唯北门设梯道可绕塔心柱盘旋至顶。余3门均为八角小宝。2层以上每层开窗，可登临眺望。内外壁紧密衔接，结构坚固，形成强有力的抗震体，千百年来，历经多次水患、地震、暴风雨、炮击等破坏，仍巍然屹立。

姑嫂塔

姑嫂塔在福建石狮宝盖山，又称“万寿塔”“关锁塔”。它建于南宋绍兴年间，已经有800多年的历史。姑嫂塔为八角五层，仿楼阁式花岗石空心石塔。塔身从下往上逐层缩小，每层叠涩出檐。外有回廊围栏环护四周，内有石阶可绕登塔顶。

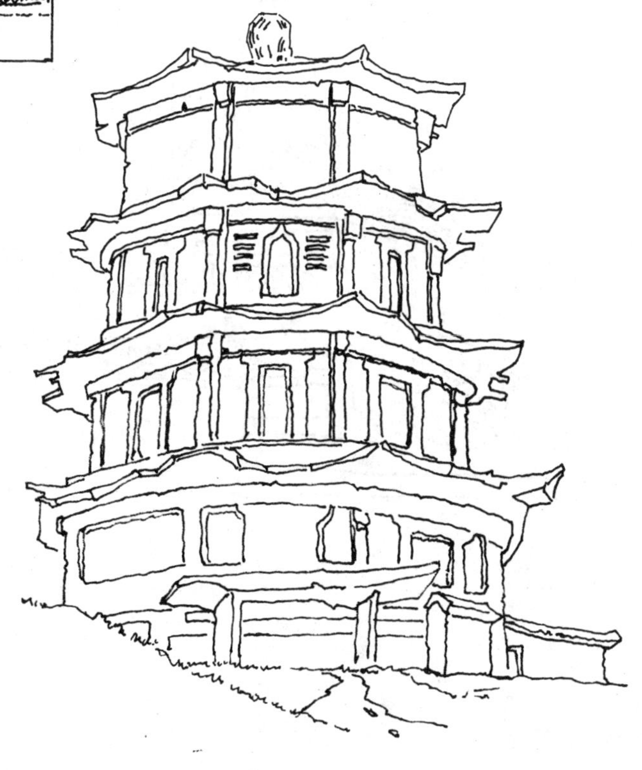

福建石狮姑嫂塔（南宋）

通州砖塔（辽）

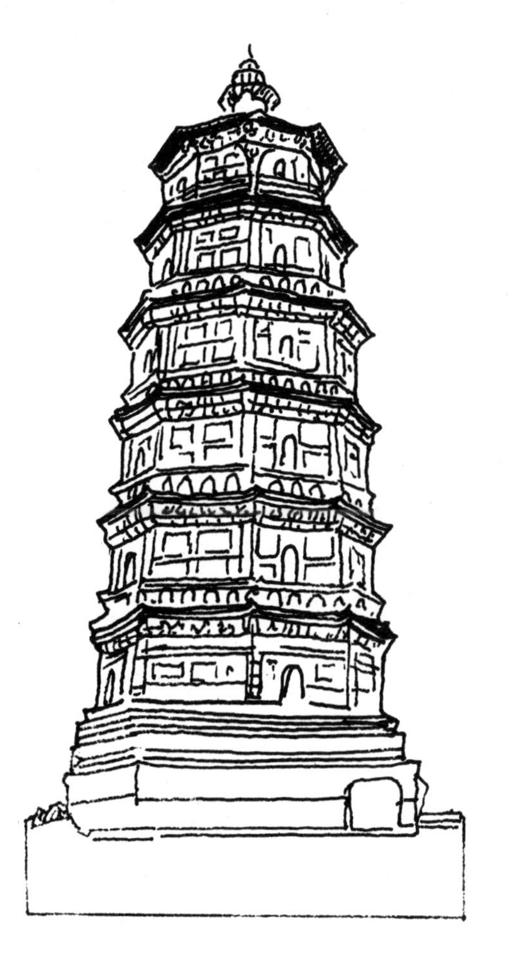

河北涿州云居寺塔（辽）

河北涿州普寿寺塔（辽）

河北正定广惠寺华塔（宋）

正定广惠寺华塔

广惠寺华塔始建于唐，后塔毁，现存为金代遗物，距今有800多年的历史。从造型上来说，它属于华塔类型，重要特征就是在塔身上半部分装饰有各种繁复的花饰，看上去好像巨大的花束。这种塔形成于宋辽金时期，元朝后几乎绝迹，国内现存华塔总数也不过十几座，河北正定华塔是现存为数不多的华塔中造型最奇特、装饰最华美的一座。

浙江杭州西湖雷峰塔（宋）

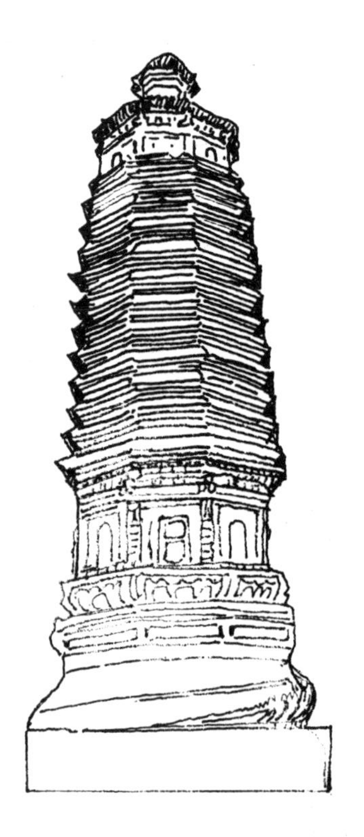

河北涞水县风冈塔（金）

河南安阳重檐亭式塔（宋）

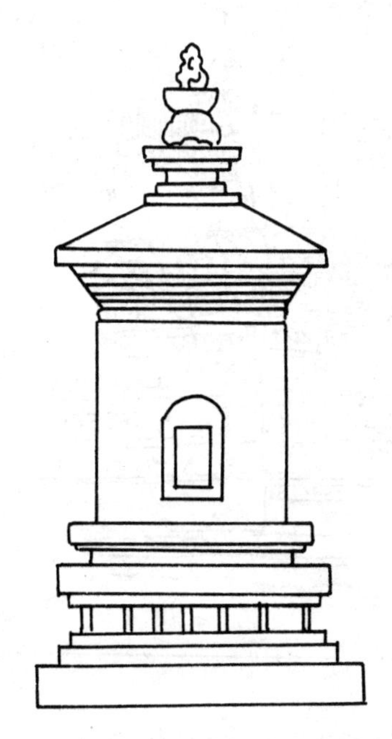

河南登封单檐亭式墓塔（宋）

北京西城天宁寺塔

天宁寺塔是中国辽代佛教建筑。在北京西城区（原宣武区）广安门外天宁寺内。天宁寺塔塔高57.8米，为八角十三层檐密檐式实心砖塔。整体结构自下而上为：基座、平座、仰莲座、塔身、十三层塔檐、塔顶、宝珠、塔刹。塔基为方形平台。天宁寺塔在整体造型和局部手法上表现了辽代密檐砖塔的建筑风格，是研究中国古代佛塔的重要实例。

北京西城天宁寺塔（辽）

北京西城天宁寺塔（局部）

北京西山法海寺门上塔

浙江杭州西湖保俶塔

保俶塔的塔身是呈八角形的砖砌结构，共分七层，上面还有一个用木结构基座支撑的铁铸塔顶。宝塔第七层顶部有木制的天花板，还有粗原木从顶部穿出，以支撑塔顶。为这些原木预留的洞在锥形的塔顶至今仍能够清楚看到。再上面就是带有五个铁圈的铸铁尖顶。塔身庞大，不能够从内部登上塔顶。除尖顶外，塔的高度约40米。

河北涿州智度寺塔（辽）

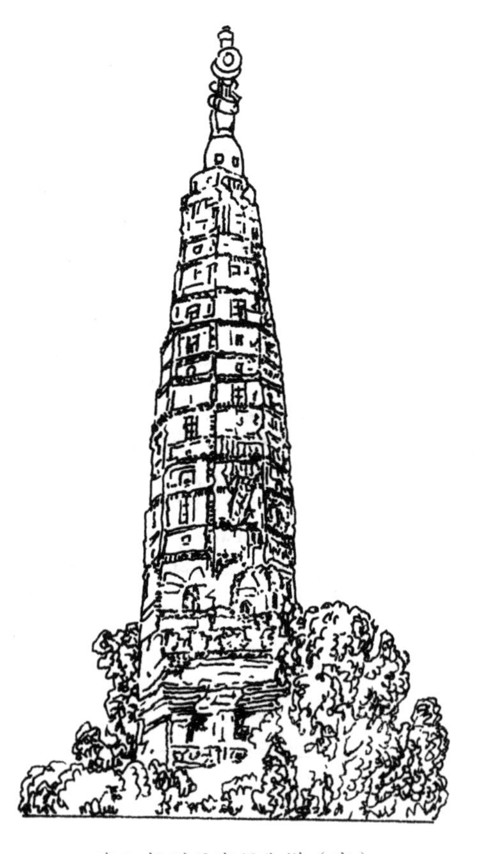

浙江杭州西湖保俶塔（宋）

河北易县荆轲山圣塔（辽）

河北涞水县大明寺石幢（金）

河北赵县陀罗尼经幢（北宋）

河北赵县陀罗尼经幢

陀罗尼经幢位于河北赵县城内南大街与石塔路相交的十字路口处，这里是唐代开元寺的旧址，经幢为开元寺的建筑物，后寺废而经幢仍存。因幢体刻有陀罗尼经文，故称“陀罗尼经幢”。经幢用青石雕刻，通高约4.10米，由座、身、顶三部分组成。幢座下部为圆覆莲基座，上部为八角形座面，每角雕一兽头。幢身各节之间均置有八棱形华盖或幢檐，层层相托，形制则各有特色，雕有璎珞垂幔、神兽和佛教故事等。这是经幢石雕艺术杰出的代表作之一。

河北易县开元寺舍利塔（金）

七、栏板栏杆、石雕及台基

河北赵县永通桥栏杆（金）

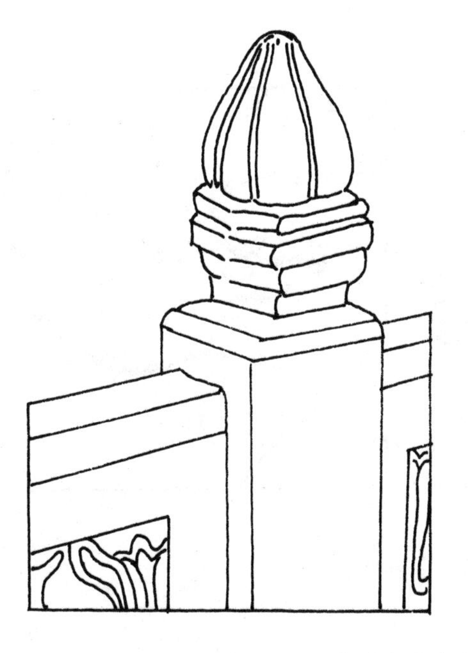

河北赵县永通桥栏杆（金）

河北赵县永通桥小券墩上浮雕飞马（金）

河北赵县济美桥东主券“河神”双骑背驰（金）

桥望柱头

河北赵县济美桥东主券门浮雕“飞鱼”（金）

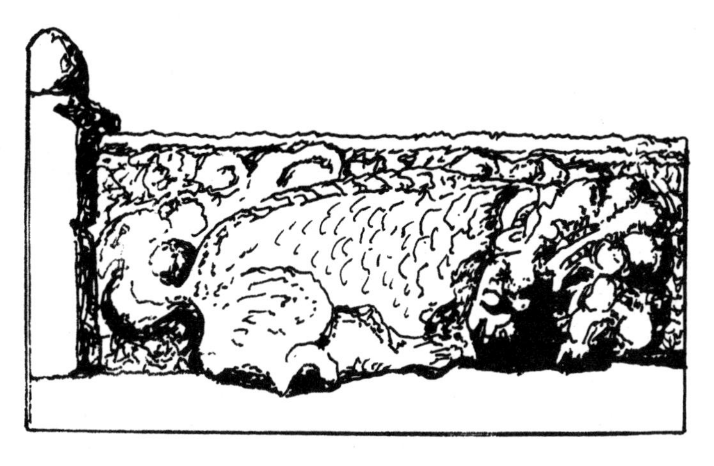

河北宁晋古丁桥栏板（金）

河北赵县济美桥栏板

河北赵县济美桥栏板

石雕俑像（北宋）

砖雕妇人像（北宋）

石雕俑像（北宋）

铁塔飞天琉璃砖雕（宋）

高僧石雕像（宋）

嵩山祖庵（宋）

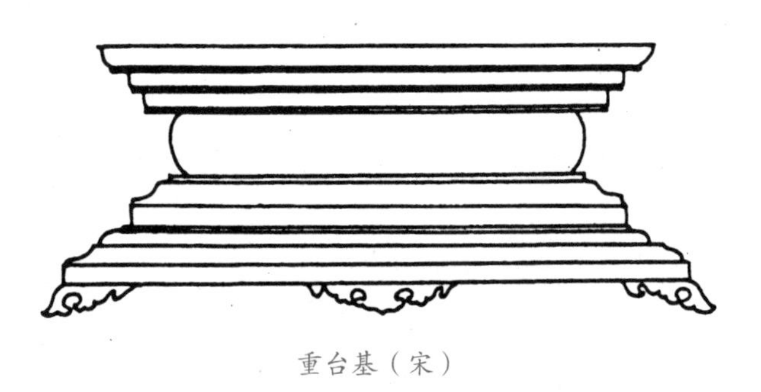

重台基（宋）

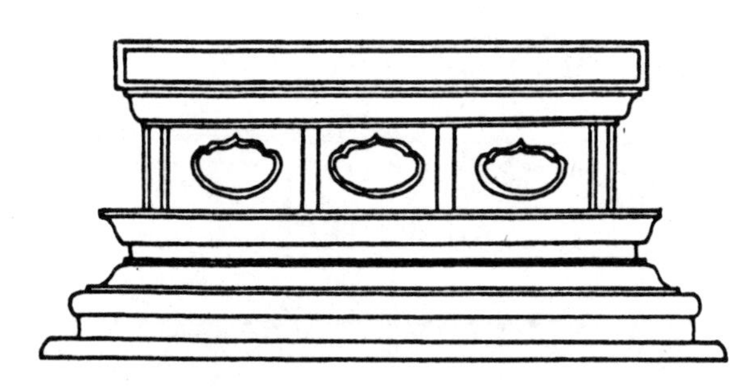

圭角壶门台基（宋）